陸前高田・長洞《ながほら》元気村 復興の闘いと支援

2011〜2017

実践! 復興まちづくり

濱田 甚三郎／原 昭夫／山谷 明／鳥山 千尋／
大熊 喜昌／江田 隆三／平野 正秀／戸羽 貢／村上 誠二
復興まちづくり研究所［編］

合同フォレスト

まもなく仮設住宅団地・長洞元気村の開村式が始まる。
流木でつくったテーブル、椅子が整えられ、集落の長老
たちが入場してきた。（2011 年 7 月 17 日）

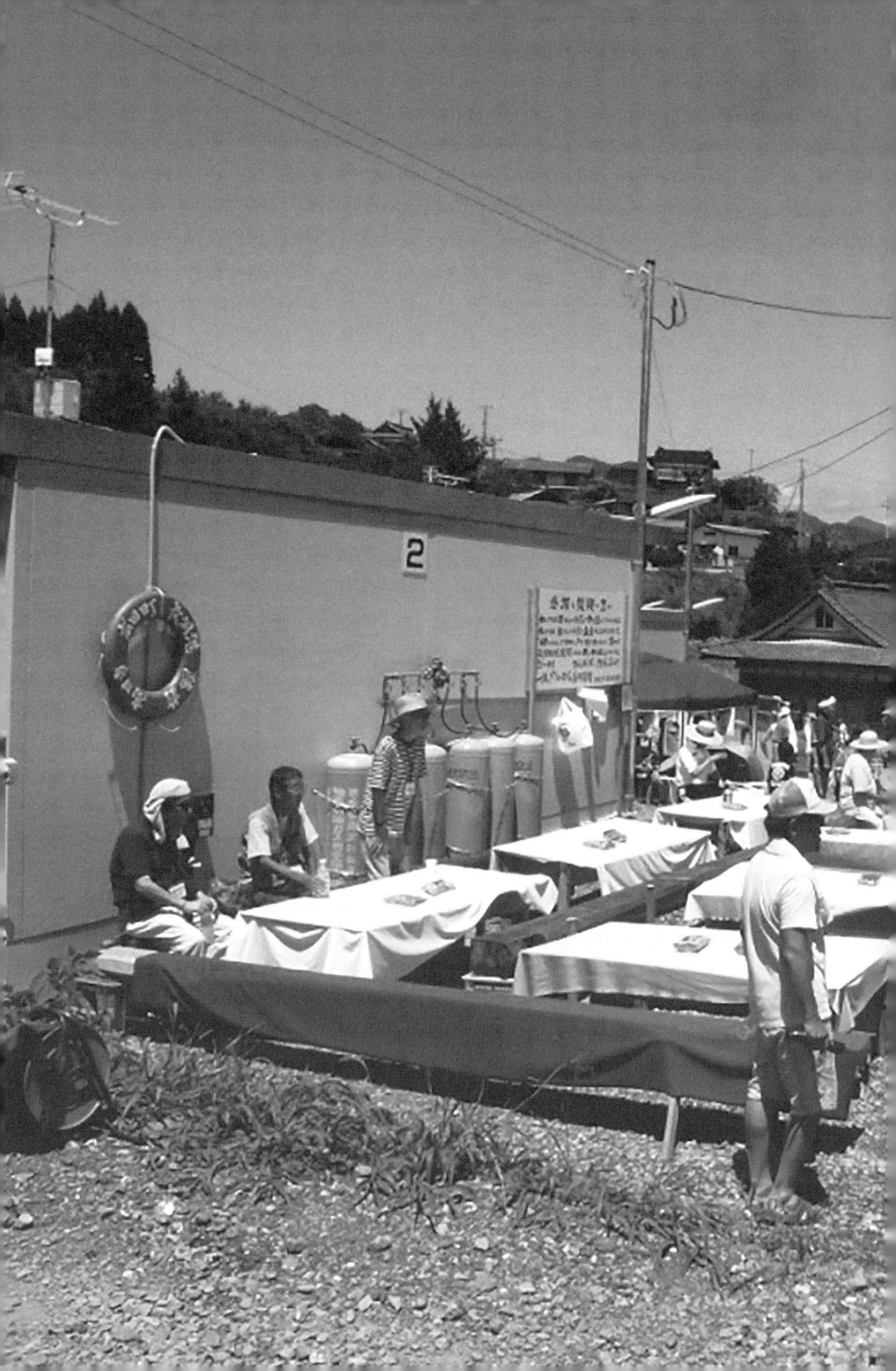
2

図０－１　長洞元気村への支援の全体像

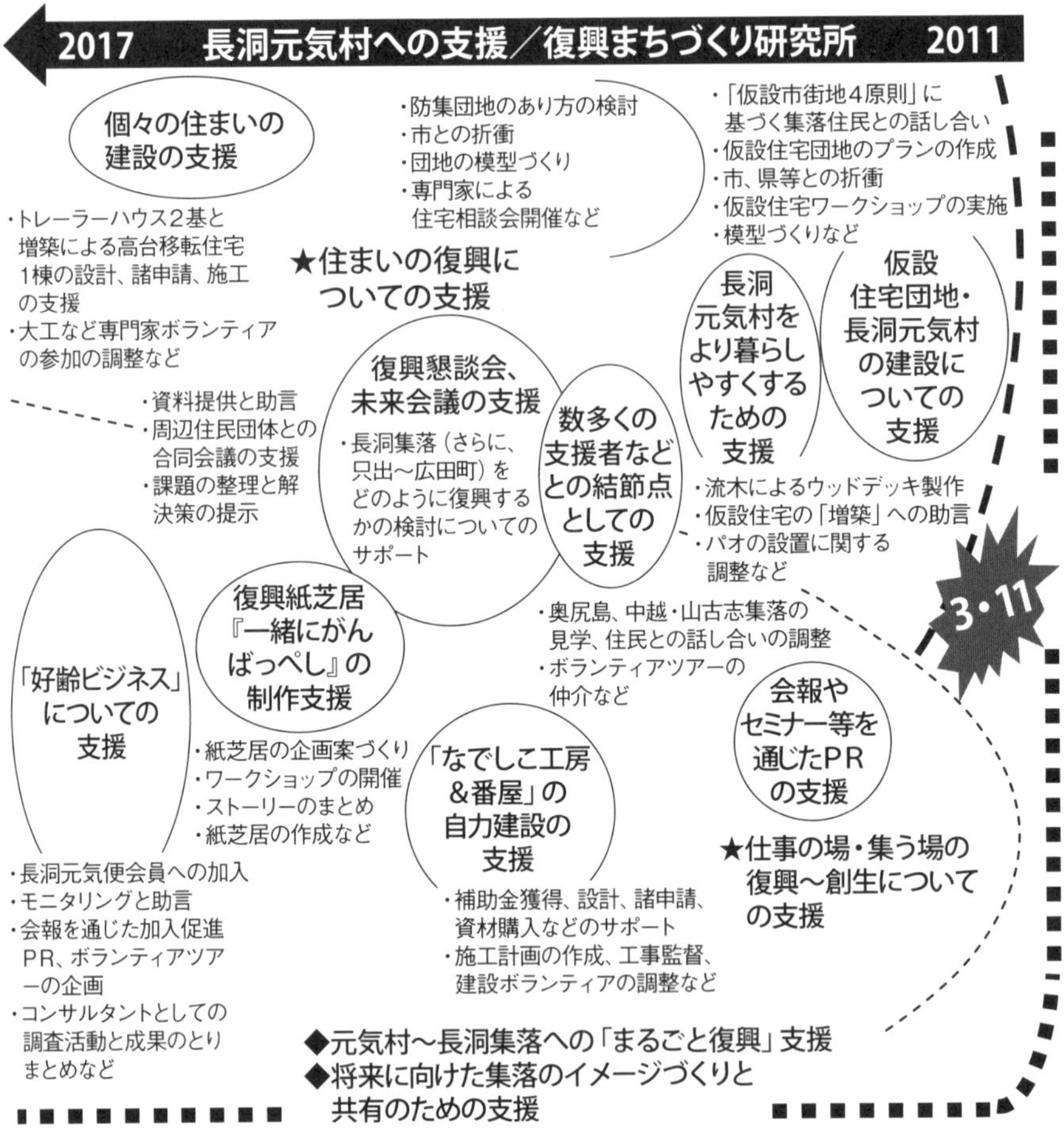
2017　長洞元気村への支援／復興まちづくり研究所　2011
個々の住まいの建設の支援
・トレーラーハウス２基と増築による高台移転住宅1棟の設計、諸申請、施工の支援
・大工など専門家ボランティアの参加の調整など
・防集団地のあり方の検討
・市との折衝
・団地の模型づくり
・専門家による住宅相談会開催など
★住まいの復興についての支援
・「仮設市街地４原則」に基づく集落住民との話し合い
・仮設住宅団地のプランの作成
・市、県等との折衝
・仮設住宅ワークショップの実施
・模型づくりなど
長洞元気村をより暮らしやすくするための支援
仮設住宅団地・長洞元気村の建設についての支援
3・11
・資料提供と助言
・周辺住民団体との合同会議の支援
・課題の整理と解決策の提示
復興懇談会、未来会議の支援
・長洞集落（さらに、只出～広田町）をどのように復興するかの検討についてのサポート
数多くの支援者などとの結節点としての支援
・流木によるウッドデッキ製作
・仮設住宅の「増築」への助言
・パオの設置に関する調整など
・奥尻島、中越・山古志集落の見学、住民との話し合いの調整
・ボランティアツアーの仲介など
「好齢ビジネス」についての支援
・長洞元気便会員への加入
・モニタリングと助言
・会報を通じた加入促進PR、ボランティアツアーの企画
・コンサルタントとしての調査活動と成果のとりまとめなど
復興紙芝居『一緒にがんばっぺし』の制作支援
・紙芝居の企画案づくり
・ワークショップの開催
・ストーリーのまとめ
・紙芝居の作成など
「なでしこ工房＆番屋」の自力建設の支援
・補助金獲得、設計、諸申請、資材購入などのサポート
・施工計画の作成、工事監督、建設ボランティアの調整など
会報やセミナー等を通じたPRの支援
★仕事の場・集う場の復興～創生についての支援
◆元気村～長洞集落への「まるごと復興」支援
◆将来に向けた集落のイメージづくりと共有のための支援

はじめに

　災害は繰り返される。私たちは、その災害への備えとして、被災後に「仮設市街地」の考え方を導入するべきだと長く言い続けてきた。大きな災害が発生した場合には、復興にある程度の時間がかかることになる。被害の規模にもよるが、3～5年、さらに長い時間がかかることもある。その復興までの時間に仮設市街地を設け、そこを復興の基地にして復興への道筋をつくり出していこうという主張だ。

　この仮設市街地の考え方は、1995年に発生した阪神・淡路大震災時の仮設住宅供給の反省から生まれたもので、その2年後にまとめられた東京都の都市復興マニュアルに取り入れられた。そこでは「仮設市街地とは、暫定的な生活の場として被災市街地に形成される応急仮設住宅、自力仮設住宅、仮設店舗・事務所および残存する利用可能な建築物からなる市街地をいう」とされている。

　この考え方をさらに深化・発展・普及させようと、1998年に「仮設市街地研究会」が組織された。2004年に新潟県中越地震が発生し、研究会メンバーは仮設市街地・集落づくりの働きかけをするとともに、復興支援の活動を進めた。中越地震の被災地では仮設市街地の考え方にやや近づいた形で仮設住宅地がつくられた。それは集落単位の仮設住宅入居、仮設住宅地への生活サービス施設の配置などにみられた。

　仮設市街地研究会は、継続して独自の被災地調査、復興支援、シンポジウムなどを重ね、2008年に『提言！　仮設市街地―大地震に備えて―』（学芸出版社）の出版にこぎ着けた。

そこでは、以下の仮設市街地4原則を提起した。

①地域一括原則―コミュニティのまとまりを維持するため、地域の人々が一括して住むことができること。②被災地近接原則―もとの被災地に近接した場所につくられること。③被災者主体原則―被災者が主体となって復興を進めるための拠点になること。④生活総体原則―住宅だけでなく、集会所、店舗、デイサービス施設など日々の暮らしを支えるさまざまな機能を備えていること。

この仮設市街地は、いつ起きてもおかしくないとされている首都直下地震や南海トラフ地震などの巨大災害時には極めて有効で、災害復興の重要なツールになるとの思いから、その考え方を広めたいと仮設市街地研究会の活動を続けてきた。

そこに、2011年3月11日東日本大震災が発生、東北地方を中心に激甚災害が引き起こされた。仮設市街地研究会は、事態の的確な把握に努めながら、被災自治体や支援自治体、さらに国に対して3月25日から7月28日の間に「仮設市街地・集落づくり」などに関する緊急提言を6つ発信した（資料編〈資料2〉）。これにより、一部の被災自治体では仮設住宅の供給時に提言の趣旨を反映した工夫がみられた。

この提言発信の一方で、研究会は提言の趣旨を具体化する場所を探し続け、4月9日に二つの地域との接点が生まれた。一つは岩手県遠野市、いま一つは陸前高田市長《なが》洞《ほら》集落である。遠野市では、幸い本田敏秋市長、及川増徳副市長（当時）以下市の復興担当者に知遇を得て、市で検討されていた沿岸被災者のためのサポートセンター併設の木造仮設住宅40戸（希望の郷─絆）の建設を間接的に支援することができた。

もう一つの長洞集落では、研究会は、仮設住宅づくりから復興までのプロセスを一貫して集落に寄り添いながら支援することになった（その支援の途上で研究会は、NPO復興まちづくり研究所に再編されたので、以下では復興まちづくり研究所に統一して表記する）。その仮設住宅は長洞元気村と名付けられた。

長洞元気村は、先の提言の仮設集落づくりが具体化したものである。

それは、地域住民と復興まちづくり研究所が連携して行政と粘り強く交渉をした結果、実現したもので、被災者が分散しないで住むことができる、仮設住宅26戸と集会所（行政では「談話室」と呼ぶ）で構成された仮設住宅団地だ。そこで共に復興のあり方を語り合い、合意形成を図り、いち早く高台での住宅再建を成し遂げた。さらに、新しい仕事場・寄り合い場となる番屋を自力建設で実現した。こうした動きと並行して元気村の女性グループは、「なでしこ会」を結成し、都市─農村交流を軸にした独自のスモールビジネス（「好齢ビジネス」）を始めている。

長洞集落は、戸数60戸の小規模漁村集落で、東北沿岸地域にどこにでもあるような集落の一つである。しかし、そこには長く育まれてきた濃密なコミュニティがあり、それが復興の原動力になったことは間違いない。それが行政の硬直した姿勢に揺さぶりをかけ、集落としての主張を認めさせ、復興に道筋を付けてきたのだ。長洞集落全体の復興はまだ途上ながら、東北復興まちづくりのトップランナーとして走り続けている。

長洞集落の復興は、外部の支援者である復興まちづくり研究所が継続的に支援を続ける中で、長洞集落の人々があくまでも被災者主体の姿勢を貫いてきたことで実現したものである。

本書は、長洞元気村の復興支援（住まいの復興、仕事の場・集う場の復興、集落まるごと復興）のプロセスと成果はどのようなものか、そこから何がくみ取れるのかをまとめたもので、東日本大震災の被災地で今なお復興に向けた取り組みを進めている多くの被災者、自治体関係者、支援者のみならず、今後震災発生が危惧されている地域の方々に読んでいただくことを願って著したものである。また、前書『提言！　仮設市街地』の姉妹編であり、実践編でもある。

なお、本書は、長洞元気村のキーパーソンと復興まちづくり研究所の中核メンバーの共作によるものである。

目次

第6章　陸前高田市へのエール（声援）——長洞での取り組みを踏まえて

おわりに——復興まちづくり研究所の2つのミッション

資料編

第1章

長洞元気村の誕生

壊滅した長洞集落の下組《したぐみ》（海に近い地区）
30戸ほどの住まいがあった。
（2011年5月6日）

1 小さな漁村・長洞集落の熱き闘い[*1]

——被災コミュニティ再生への共歩

1 「感謝と復興」を誓った開村式

２０１１年7月17日の炎天下、あの3月11日の東日本大震災から約4カ月。村民たちは仮設住宅や集会所の完成と入居開始を祝った。大津波をくぐり抜けて命をつなぐことができ、立ち上がるスタートラインにつけたことを喜び、遅くまで語り合いと笑い声が続いていた（口絵　写真）。

場所は、岩手県の陸前高田市広田町長洞地区。人口約２００人、世帯数60ほどの小さな漁村集落である。3月11日にはその半数の世帯が津波で家を流され、家財を失い、1名が亡くなった。漁港や関連施設、漁船や漁具は東西の湾から繰り返し襲う津波で壊滅。その夜は浸水によってこの半島は海に囲まれた孤島状態となってしまい、陸地部との交通・電気・通信・水道などのライフラインは途絶した。

その後、余震や津波の押し波・引き波がいったん落ち着くのを待って部落会が招集され、孤立した部落があとどれくらいもつか、各戸の備蓄している米や食料を調べ、薬を必要とする人や家族の健康状態をチェック。「長期籠城」に向けた対応策の検討も始まった。

住宅を失った世帯は、集落全体60戸の約半数を数える。そのうち、既に他地域への

＊1：原昭夫『地方自治職員研修』㈱公職研、２０１１年）26～28頁。本稿は、東日本大震災の5カ月後にまとめられたものである。私たち復興まちづくり研究所の長洞集落支援の初期の状況全体をよく表しているので、加筆し、改めて掲載する。

避難を決めた世帯などを除くと、集落全体で26戸の仮設住宅が必要ということが直後の被災調査で判明した。海水も引き、道路が通行可能となったが、バスは復旧していない。このため、病院通いをしていた人々は診察や薬をもらいに行くことができない。そこで、自家用車を流出せずに済んだメンバーが、交代で薬をもらいに病院に通うなどを担当した。

部落会副会長の村上誠二さんは、仮設住宅建設担当となり、津波で壊滅してしまった市役所が、高台の住宅団地の空地に建てられたプレハブを仮庁舎として再開すると、打ち合わせのために早速そこへ日参をし始めた。それから約4カ月。さまざまな折衝や議論、思わぬ出逢いを経て、ようやく26世帯が離ればなれになることなく、一緒になって集落の中央部につくられた仮設住宅に入居することができたのだった。

「長洞元気村」[*2]と名付けられた5棟（26戸）の仮設住宅と離れの12坪の集会所。その日、中央通路では隣の大船渡市（岩手県）から駆け付けたアマチュアのチンドン屋グループ「寺町一座」が「日本一のお祝い」で盛り上げ、部落会青年部は、再建に向け「長洞太鼓」を力強く演奏。駐車場脇の湧き水タンクの側では、その朝、孟宗竹を刈り出してつくった竹樋での「流しそうめん」で、子どもたちが歓声を上げる。婦人部による豚汁のふるまいや産直コーナーなども設置され、多くの人々が心から開村を祝い、交流の輪を広げた。被災後から今日までの感謝と、この「元気村」を拠点として取り組んでいく復興への誓いが宣言され、にぎわいはいつまでも続いた。

＊２：ホームページ「長洞元気村」。http://www.nagahoragenki.jp/

図１－１　長洞地区の位置

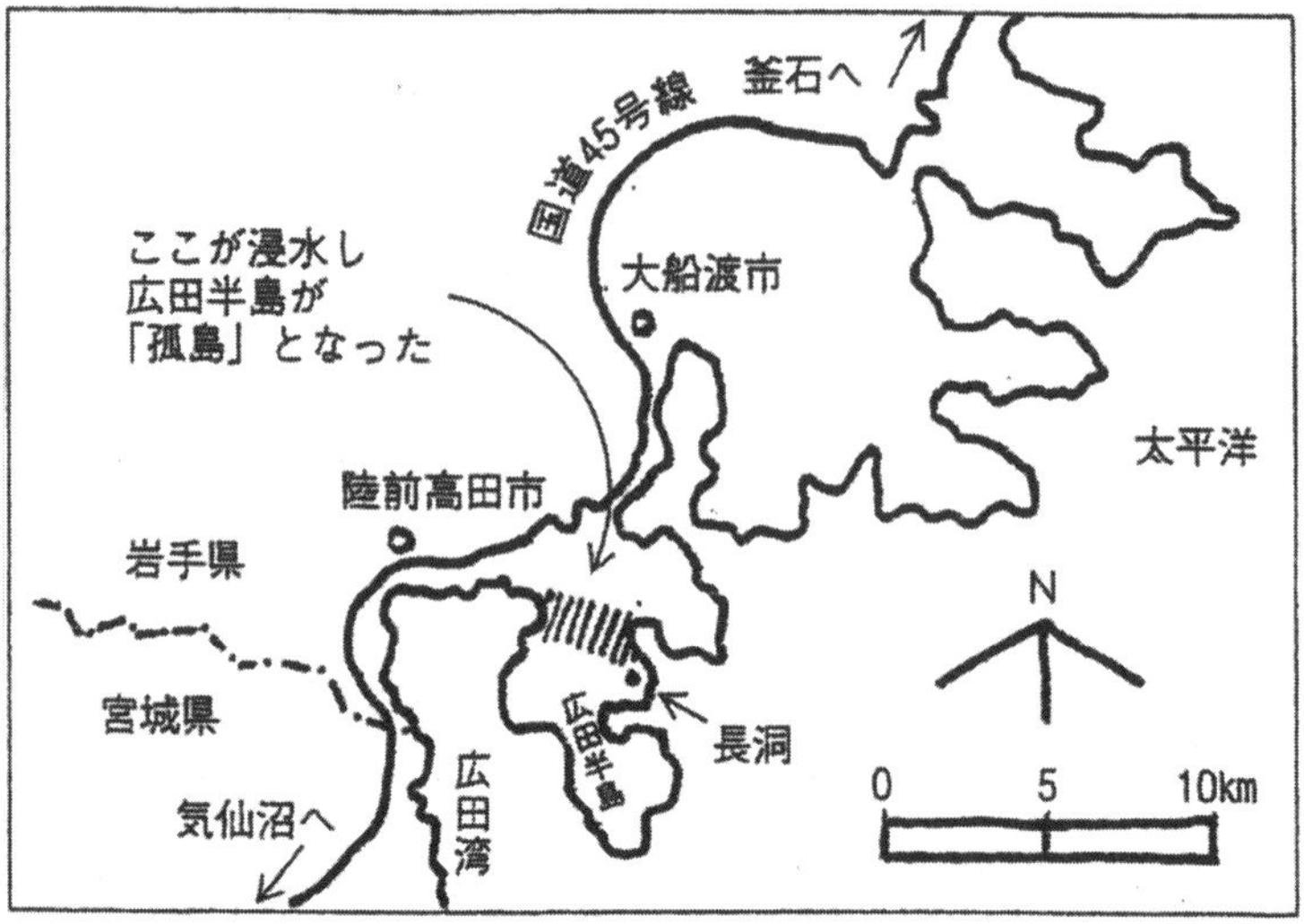

図１－２　長洞元気村

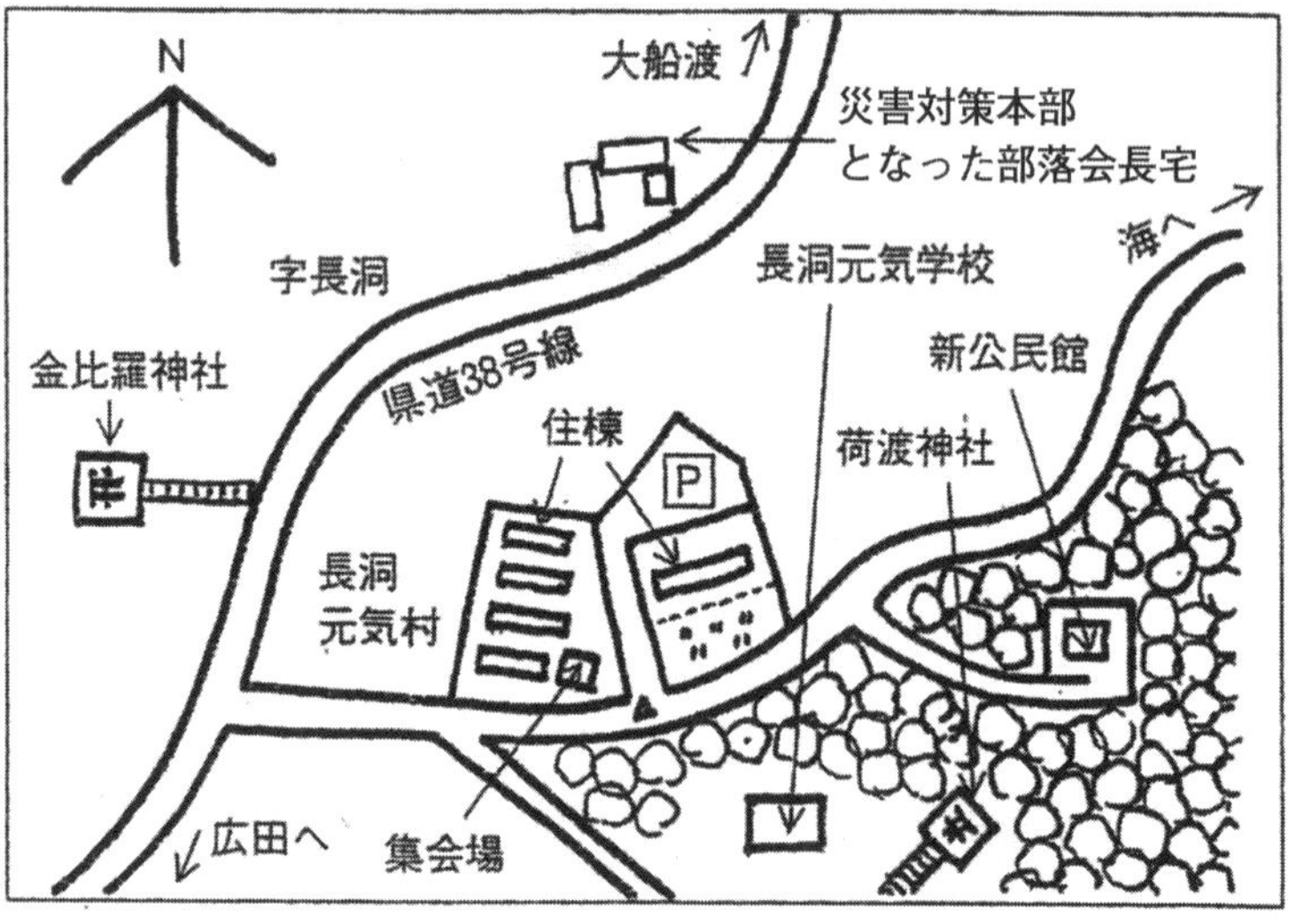

2 「コミュニティをバラバラにさせてはならない」

私たち仮設市街地研究会[*3]は、まちづくりや社会学、行政などに関わるメンバーからなり、阪神・淡路大震災を契機として「復興まちづくり」を考え、実践や提案をおこなってきた。国内外各地の震災被災地を訪ね、被災地の復興を迅速・円滑に進めるには、被災コミュニティをバラバラにせず、被災者を一括して避難所や仮設住宅へ導き、一体的な立ち上がりを支援していくことが大切、と主張してきた[*4]。

私たちは、東日本大震災直後に、関係団体にその復興に向けての「提言」を送った。そこで、「仮設」住宅といえども、「仮の人生」を送る場所ではなく、コミュニティが一体となって復興への力をそこで培い、復興方針や復興計画を皆で議論して策定し、その実現に皆で立ち向かっていくエネルギーを蓄えていく場所なのだ、と主張してきた。

そして４月初旬、偶然耳にした情報とご縁で知り合うこととなった長洞地区を、メンバー４人で訪ねた。そこでは、被災者が地域外の避難所へ行ってしまうと、地区コミュニティがバラバラになってしまうという危惧から、避難はできる限り地区内の被災しなかった親族の家に寄留をお願いして、地区内居住を続けるようにしていた。

また、子どもたちが通う地区外の小学校が避難所となってしまったため、かつて校長先生を務められた地区内の方の自宅を「長洞元気学校」として開放し、「寺子屋」のような学びの場とした。

このように被災後、あらゆることにコミュニティ一体、コミュニティ主体を貫こう

＊3：仮設市街地研究会は、復興まちづくり研究所の前身の組織。

＊4：仮設市街地研究会『提言！仮設市街地―大地震に備えて―』（学芸出版社、２００８年）21頁など。

図1－3　長洞集落（下組《したぐみ》）の家屋の被災状況

アミかけ部分が長洞元気村

としているやり方に私たちも共感し、復興まちづくりについてのお手伝いができないか、地区の役員の方々と協議し、以後、仮設住宅の配置計画や外構計画、縁側取付工事などに関わらせていただくことになった。

そもそも仮設住宅の必要戸数26戸をはじき出したのは村上誠二さんだった。村上誠二さんは、その建設場所として、地区内の未耕作農地等がある地区中央部の緩傾斜地を４人の土地所有者から無償貸付の了承を取り付けて、１２００坪（約４０００平方メートル）の敷地として準備し、市に相談を持ち込んだ。ところが災害救助法に基づく仮設住宅の供給・建設は県の業務であり、敷地は基本的には公有地を使用、入居方法は公平を期すため抽選で入居場所と住戸を決める、となっている。それを知った村上誠二さんたちは、「仮設住宅を地区外につくり、結果として被災者と被災しなかった人がバラバラになることは、絶対にやってはならない」と考えた。つまり、地区コミュニティの維持、そのための地区内居住を主張し、何度も市役所の担当者を訪ね、協議と折衝を重ねた。

政府の仮設住宅建設方針として、数万戸にも及ぶ多量の住戸建設が急がれ、それを実施しなくてはならない担当部局や担当者の多忙さは分からなくはない。しかし、１９４７年公布の災害救助法に基づき設定された仮設住宅設置基準を遵守して、ひたすら「住戸」という「ハコ」を、被災地から遠隔の土地に、あたかも「収容所」や「兵舎」のように並べる、という阪神・淡路大震災の時のようなやり方を繰り返してはならない。

それは結果として被災前の人々のつながりやコミュニティを分断し、入居した人々も与えられた「ハコ」にひっそりと、何の隣人関係の構築もできずに「住まわせていただく」という受け身の毎日が続き、次なる課題である復興まちづくりや集落再生などを考える力を、つくり出し蓄える場所となってはいかない、と村上誠二さんたちは考えた。しかし市役所で、その「復興を協議したり、皆で寄り合ったり相談する場所である集会所などはつくれない」と聞き、がく然とする。仮設住宅戸数が50戸以上ないと、基本的には集会所の建設はできないことになっているのだ。

このように大災害後の復旧・復興のプロセスの考え方の中心に、コミュニティ復興・社会復興という考え方がないこと。その結果、復興に向けてのエネルギーが紡ぎ出せず、被災者自らが主体となって復興方針や復興計画をつくっていくことができずに、コミュニティ再興に支障を生じることがあってはならない。長洞地区の人々はそのように考え、地区内の民有地での仮設住宅建設と、それに付帯した集会所（行政では「談話室」と呼ぶ）の建設を実現させた。「コミュニティをバラバラにさせてはならない」という強い信念で、仮設集落を建設した村上誠二さん。「生涯かけて人々が助け合うコミュニティこそが、復興の本当の力になる」と私たちに何度も語ってくれた。

ある時、被災者にとって世話役の中心人物のひとりであり、この新しい「元気村」の「村長」となった戸羽貢さんに、「なぜこの土地にずっといたいと思うのですか？」と尋ねた。すると「１００年以上も前から皆がこの場所に住み、俺が海に出てる時には年寄りや子どもらを周りの人々が見守ってくれてきた。こんな所を離れるわけにはいかん」と静かに話してくれた。

このような人々の関係・つながり。時にはわずらわしいこともあるに違いないが、人々がお互いを知り合い、信頼関係を積み重ねてきた姿と人々のやりとりには、羨ましさすら感じてしまった。

３「コミュニティ依拠型」復興まちづくりへ

今般の東日本大震災で被災した多数の市街地や港湾地区、そして漁村や集落は、５カ月たった今もまだ瓦礫も片付かず、ましてや復旧・復興の方針も立たず、復興への動きが始まっていないところが多い。

避難所ではまだ多くの被災者が、その日その日の生活を何とか送っている、というのが実情だ。また仮設住宅に折角抽選に当たって入居できても、知り合いがまったくいないといって、人で住戸にこもりきりになってしまう人もいて、「孤独死」や自殺などということも、心配されるようになってきている。

新たな隣人と声をかけ合い、互いに知り合う度合を深めながら、少しずつ近隣関係をつくり、地域社会を組み立てていくしか、「コミュニティづくり」の道はない。知り合いのいない所でも関係づくり、つながりづくりが始められる力を、私たちの中に育てていくことにも、取り組まねばならないだろう。

そして、既存の長い強い「絆」を大切にしながら、災害復興・集落再生・生業復興に向け、地区総力で取り組み始めた長洞地区、「絆」「縁《えにし》」「つながり」を中核に復興プロジェクトを打ち出している遠野市（岩手県）など、集落コミュニティや基礎自治体が従来の制度や手法にこだわらず、再生・新生事業の提言や実践に踏み出したことは心強い。

一方、福島県沿岸地域は、原発事故で自治体そのものが移転・漂流という事態を余儀なくされ、自治体崩壊、コミュニティ解体といったことにも立ち至っている。自治会が解散宣言をしたという報道もなされた。

このような地域崩壊、地域自治消滅の危機に、小さなコミュニティで人々の力をつなぎ止め束ねていく努力は並大抵なものではない。しかし、大災害によって国政も国土利用も大転換を迫られる中、今一度人々の相互の信頼構築、つながり再生を果たしながら、新たな地域社会づくりに力を合わせたい。数百年に一度の「想定外」の事象だ、などと解説・論評をするのでなく、沿岸・内陸各地の小さな地域・集落を単位として、住民を中核として、専門家もそこに張り付き、自治体も各種制度や事業を集中する、というきめ細かい展開ができるなら、新しい地域社会が始まっていくに違いない。

国土や社会の転換に向け、さまざまな法律や制度もコミュニティを支え持続させていく方向に再編・整備を積み重ね、コミュニティ依拠型の地域づくりを進めていく時代に向かっていこう。

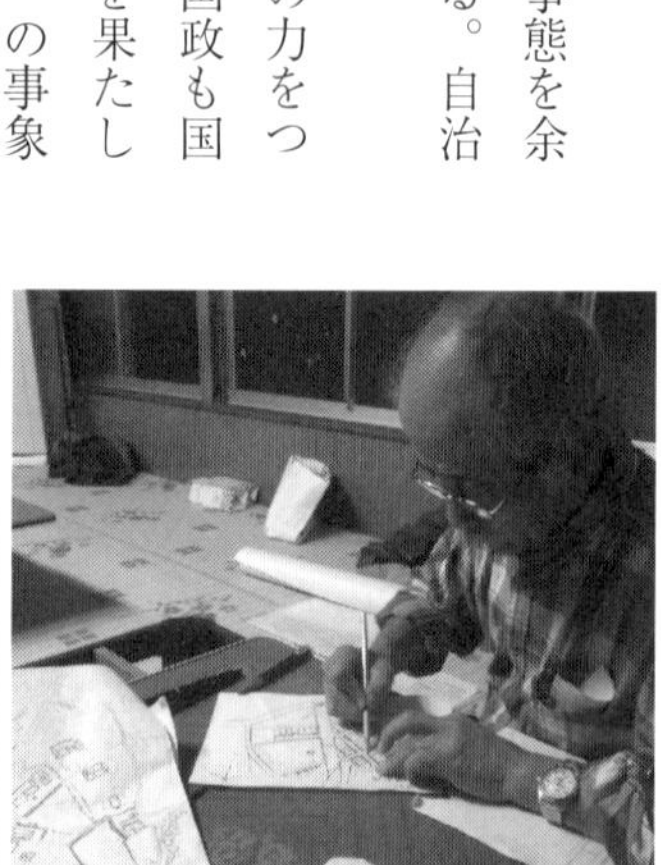

写真1-1　夜遅くまでかけて仮設住宅の計画図を作成する原昭夫。長洞集落に隣接する小袖地区の公民館にて。（2011年5月3日）

2　長洞集落の被災

1　長洞元気村とは

長洞元気村とは、岩手県陸前高田市広田町長洞集落にできた仮設住宅団地のことだ。長洞元気村は、集落内に仮設住宅をつくることを行政に粘り強く働きかけて実現し、そこに集落内の被災者がまとまって助け合い、復興に向けた話し合いを重ね、住宅再建を成し遂げ、さらに仮設暮らしの段階から女性と高齢者による「好齢ビジネス事業[*5]」に取り組むなど、いわば「コミュニティまるごと」復興を進めてきた。

長洞集落は、58世帯、２３０人の小規模な集落であるが、東日本大震災からの漁村復興の先導モデルをつくり出したといえる。

この長洞集落の復興プロセスに、復興まちづくり研究所が一貫して支援を続けてきた。以下に、長洞集落はどんな集落で、どう被災し、復興まちづくり研究所とどのように出会い、小さな仮設住宅団地の長洞元気村が誕生したのかを紹介しよう。

＊5：地区の高齢者が集まり、自分のできる範囲の仕事を受け持ち、持続可能な収入を得ることで、活き活きと暮らすことができるようにするビジネス。

2　長洞集落はどんな集落か

長洞集落は、陸前高田市の広田半島東部の付け根に位置する半農半漁集落で、集落の海側に隣の只出《ただで》集落と共同利用する只出漁港を擁している。長洞集落は広田町に、只出集落は小友《おとも》町に属していて、長洞集落は広田町の北端に位置していることになる。

集落の家屋は、高台を通る県道沿いと、低地を通る市道沿いに分布しており、それぞれ上組《うえぐみ》・下組と呼ばれている。それぞれの家屋は、気仙大工の里にふさわしく、堂々とした構えのものが多い。漁港の背後に防潮堤が張り巡らされており、防潮堤と下組との間には5ヘクタールほどの水田が広がっている。集落の地形は、只出漁港の後背の水田から次第に傾斜して高台につながっていくような形状をしている。

海に面しているので漁業を営む家が多く、58世帯のうち50世帯が漁業権を持っているが、専業漁家は8世帯とさほど多くない。兼業の人は会社勤め、大工・鈑金工などの職人、漁協職員などで、リタイアした年金生活者も少なくない。

集落にアクセスするには、JR大船渡線の小友駅が集落から約1キロの距離にあり、さらに陸前高田市の中心部から集落内を通る県道に路線バスが通っていて、中・高校生の通学に使われている。

図1－4　長洞集落の位置図

『東日本大震災復興支援地図』　昭文社（2011年6月）より

集落には港近くに公民館があるが、商店は1軒もなく、隣接する小友町に小さなスーパーマーケットがあるのみである。

集落の地域組織の中核は部落会であり、その下に保安部、漁港部、芸能部、文教部、女性部の５つの専門部がある。他に自主防災組織、子供会があり、自主防災組織は東日本大震災の２年前に組織化されたもので、避難訓練を実施していた。

このように、長洞集落は三陸沿岸地域に点在するごく一般的な漁村集落の一つである。

3　長洞集落の孤立

２０１１年3月11日に発生した巨大津波によって大きな被害を受けることになる。地震発生約30分後に第一波の津波が広田半島東部に襲来、長洞集落にも6メートルの防潮堤をやすやすと乗り越え津波が直撃した。ほどなく、広田半島西側の広田湾側から回り込んで濁流となった津波が後ろ側から集落を襲った。東側から、西側から幾度となく津波が集落を襲っていった。

写真１－２　被災後の長洞集落周辺（2011年5月3日）。太平洋（東）から広田湾（西）を望む。手前の港が長洞集落と隣の小友町の漁業者が共同利用する只出漁港。長洞集落は港の中央部から向かって左側に広がる。

長洞集落で津波は標高15メートルにまで達した。標高7メートル程度のところを通る市道沿いの下組の家々はほとんど跡形もなく流出してしまった。長洞集落の58世帯のうち、28世帯が住居や作業小屋・倉庫を消失させることになった。また、海岸沿いにあった公民館も流出してしまった。他の多くの被災集落が公民館で避難生活を送ることになったが、長洞集落ではその拠り所を失ってしまったのだ。建物だけでなく、自動車・漁船の多くも流出してしまった。この津波によって広田半島の付け根の部分は瓦礫で埋まってしまい、長洞集落のある広田半島は完全に陸の孤島と化した。

長洞集落の海側にいた人々は、必死で年老いた人たちを誘導しながら高台に逃れたので、地震発生時に集落にいた人には幸い被害者はいなかった。集落の外にいた人たちも、それぞれの居場所で避難をするなどしたため、長洞集落での人的被害はなかった。ただ、残念なことに市役所勤めの若者一人が勤務中に亡くなった。まことに辛いことだ。

集落前面の防潮堤は一部破壊され、津波は集落の景色を一変させた。

4　生きのびるための集落ぐるみの活動

部落会長宅は、津波を免れた標高35メートル程のところを通る県道沿いに広がる上組にあり、家屋敷が広いこともあって、下組の被災者は会長宅に自然に集まった。後に長洞元気村の村長を務めることになる戸羽貢さんは次のような話をしたという。

「オラたちは全てが流されてしまった。私たちも頑張りますんで、何とか助けてく

写真1-3　津波で流出する長洞集落下組の家屋。（2011年3月11日）

ださい！」

集落の人々は、それからすばらしい結束力を示すことになる。まず残された家々にどの程度の米があるかを調べ上げた。持久戦を覚悟したのだ。女性たちは炊き出し部隊を編成した。

次の日に集落で取り組んだのは、薬のリストづくりである。高齢者が多く、薬を常用している人が多いが、それが流された、あるいは薬が切れかかっている人もいる。若者たちは瓦礫によって寸断された市街地へのルートをパワーショベルで切り開き、薬を受け取るため決死の思いで街の病院へ向かった。患者によっては、本人のようすを確認できなければ薬は渡せないと医者は言う。そのときは、集落にとってかえし、患者同行で再び病院に向かった。

次は、油やガソリンの確保だ。ひっくり返った船や自動車から抜き出して、精米のための発電機用に、あるいは残った自動車用に活用する。このように、米・薬・燃料の調達を見事にやりきった。

長洞集落では通常避難所として使う公民館が流出してしまったので、家を流された28世帯の人々は、集落内の親類・縁者を頼って分宿することとした。幸い一軒一軒の家は規模が大きいので、さほど無理なく分宿が成立した。

小中学校は当然休校になった。そのため３月23日から４月16日までの間、日曜日以外の午前８時半から11時半まで、集落内の民家で隣接集落の子どもを含めた小中学生34人を対象に学校を開設した。「長洞元気学校」と名付けられた。元中学校教員が先生役、大学生１人、高校生３人、保護者２人が補助役を務めた。この元気学校で遊ぶ

写真１-４　部落会長宅での災害対策本部に集まる住民たち。

写真１-５　女性たちによる炊き出し。

子どもたちの歓声に大人たちが勇気づけられたという。

長洞集落では、生き延びるためのさまざまな活動が、ごく自然に始められたのである。集落の結束力、「結《ゆい》」の力にほかならない。しかし集落の力はこれにとどまらなかった。

3 長洞元気村づくりへ

1 仮設集落づくりに向けた取り組み

いつまでも分宿では気づまりで、具合が悪い。行政に、集落の中に仮設住宅をつくってもらおうと、部落会長・前川勇一さんは、副会長の村上誠二さんを仮設住宅建設担当に任命した。

村上さんは、集落の中心部近くで浸水被害を受けなかった農地1200坪に狙いを定めて、集落内の4人の所有者と交渉。それぞれの所有者は、家を失った被災者への気遣いから快く応じてくれ、仮設住宅用地として無償で借り受ける話がまとまった。そして陸前高田市宛てにその1200坪に仮設住宅を建ててほしいという要請文を書いた上で、被災者ごとに市に提出する仮設住宅入居申込書には地区内の仮設住宅を第1候補と記入してもらい、それらをまとめて市に提出した。しかし、市からは一切、返答がないという状況であった。

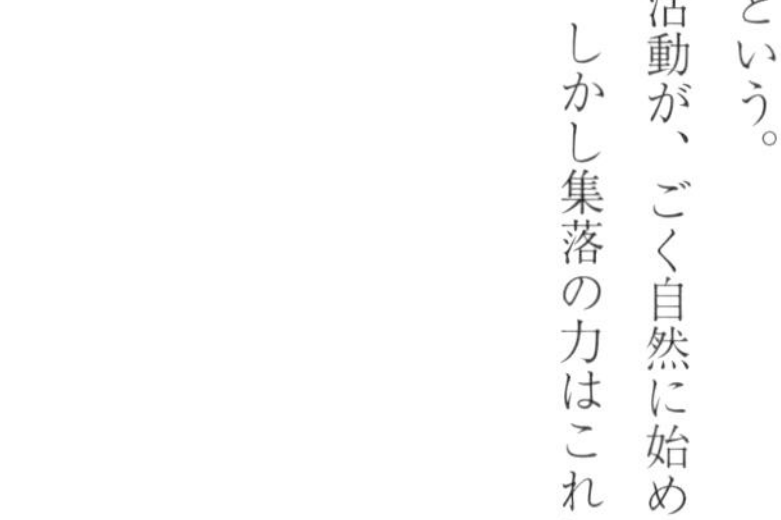

写真1-6 長洞元気学校。

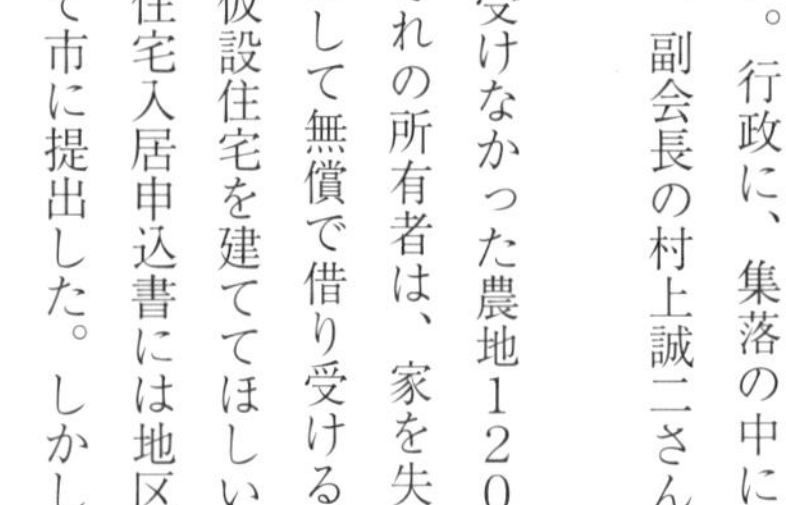
写真1-7 長洞元気学校の閉校式。

ここまでのあらましがＮＨＫテレビの「週刊ニュース深読み」で紹介され、コメンテーターたちは、これまで住民たちが頑張ってきたのだから、あとは県や市の行政が応答する番で、集落の被災者の望みに応えるべきだと口々に発言して、その番組は終わった。

2 復興まちづくり研究所との出会い

この番組は、広大な被災地の中で、どこを具体的に支援すればいいのかを探しあぐねていた私たちに貴重な情報をもたらしてくれた。私たちの仲間の江田隆三（㈱地域計画連合代表）がたまたまその番組を観ており、そのことを知った森反章夫（東京経済大学教授。第3章＊7参照）がＮＨＫに連絡、私たちの考え方を伝えた上で、集落の場所と連絡先を聞き出した。そこで長洞集落の村上誠二さんに連絡を入れると、ぜひ応援しに来てほしいとのこと。こちらから何か持参するものがあるかと聞くと、酒があればありがたいという。

また、その問い合わせに対し、ＮＨＫが逆に私たちのことを取材したいと考えたようだ。4月から5月にかけての私たちの現地踏査に、ＮＨＫのクルーが同行することになった。

4月9日、酒を持って長洞集落を訪れた私たちは、前川さん・村上さんと会い、仮設集落づくりの支援を申し出て、握手を交わした。しかし、支援をすると言ったものの、陸前高田市がすでに仮設住宅の入居募集を抽選方式で始めており、第1回抽選の倍率は32倍と報道されていた。

すでに抽選方式で始めてしまった入居方式を、長洞集落だけ特別扱いすることが可能なのか。そんなことをすれば市長のメンツがつぶれるのではないかと危惧した。仮設住宅を「地区ごと」「集落ごと」につくるべきだという、私たちの提言を、どうしたら実現できるのだろうか。

そこで浮上したアイディアは、「地域優先ポイント制度」だ。抽選方式という大枠は変えないで、特定の地域の住民に優先入居のポイントのゲタを履かせて抽選をし、結果的にはその地域の住民がまとまって入居できるような仕組みを導入したらどうかというものだ。それには、市役所とも交渉が必要である。

3 仮設住宅建設への働きかけ

4月19日午後、2回目に長洞集落を訪れたときは冷雨だった。訪問目的の1つは、仮設住宅計画候補地が高低差のある地形なので、測量をすることであった。長洞集落には気仙大工が10人以上いることが幸いして、後日地元の人たちで測量してもらうことになった。

その夕刻、復興まちづくり研究所理事の東京大学小泉秀樹教授の口利きで、陸前高田市の建設部長と仮設の役場で何とか面談することができた。この面談に同行したNHKテレビのクルーが同席を要請したがかなわず、執務室のカーテンも急きょ閉められてしまった。このメディアの締め出しは、市側のピリピリした姿勢の現れだったのだろう。面談は、当初短時間の予定であったが、結果的には1時間にも及んで、私たちが長洞での仮設住宅建設と地域優先ポイント制度導入の考え方を話す一方で、市側の厳しい状況、再建への決意などを聞くという有意義な時間を持つことができた。しかし、長洞に集落のための仮設住宅を建設することに関しては、設置者が県であるので、市では明確な回答ができないということであった。

翌日の4月20日、盛岡市の岩手県庁に出向き、仮設住宅担当課長と面談。長洞に仮設住宅を建設してもらいたい、もし建設可能なら、気仙大工が長洞にいることもあるので、地元雇用を図りながら木造仮設住宅を建設してもらいたいと申し入れた。友好的な話し合いとなったが、その場で確約を得るには至らなかった。

4月25日、村上さんから朗報があった。昼頃に陸前高田市の仮設住宅担当者が集落を訪れ、「ここに仮設住宅をつくることになった。集落から出されている入居申込書の24戸で足りるのか。連休明けには測量に入るので、農地を片付けておいてほしい」と伝えられたという。この朗報は、私たちが東京で国土交通省住宅局の伊東明子課長（当時）に仮設住宅建設への協力要請をしておいたのが効果があったのだろう。

4月27日には県のホームページの仮設住宅建設地に長洞集落が上げられた。NHKのディレクターが市の仮設住宅担当者に連絡したところ、「公有地だけでは足りないので、長洞のように民有地を地元が探してくれるのは、大変ありがたいことだ。長洞のような場合は、実質的に地元の人が仮設に入れるようになるのではないか」とのこと。

早速、岩手県の仮設住宅担当課長に私から電話した。「長洞は4月29日に着工する。

プレハブ建築協会のパナホームが2DK26戸を建てることにした。木造仮設住宅の提案を反映できず申しわけない」ということであった。国会で総理大臣が、「仮設住宅はお盆までに必要戸数を完成させる」と発言したことが、大きなプレッシャーになっているようすだ。

4 被災者との協働でつくる「長洞元気村」計画

長洞部落会は、こうした一連の動きを受けて、大家族には仮設住宅2戸分を確保することを勘案して仮設住宅の必要戸数を25戸と算出し、それに加えて1戸分を集会所（談話室）として活用するという再調整結果をまとめ、5月1日に陸前高田市長宛てに要望書を提出した。

私たちも喜び勇んで5月2日～4日の第3次現地調査に臨むことにした。今回は、初めて集落の家に分宿させてもらうことになった。

2日夜の集落役員との懇談、3日昼の集落班長会との意見交換会および仮設住宅計画地でのブルーシート・ワークショップ（ブルーシートを仮設住宅の大きさに切り、そこに仮設住宅の平面図を描いたものを並べて、仮設住宅のイメージを実感してもらい、入居予定者に感想や意見・要望を出してもらう）の結果を踏まえて、パナホームから示された仮設住宅地の計画に対する修正案を、夜遅くまでかけて作成した。事前に集落の気仙大工・石川さん親子が作成しておいてくれた測量図が、大変役に立った。

修正案は、配置計画の考え方を示す文書と、計画図からなる。仮設集落の名称は、

写真1-8　集落班長会との意見交換。

写真1-9　計画地でのブルーシート・ワークショップ。（2011年5月3日）

図１－５　被災者との協働でつくった計画修正案

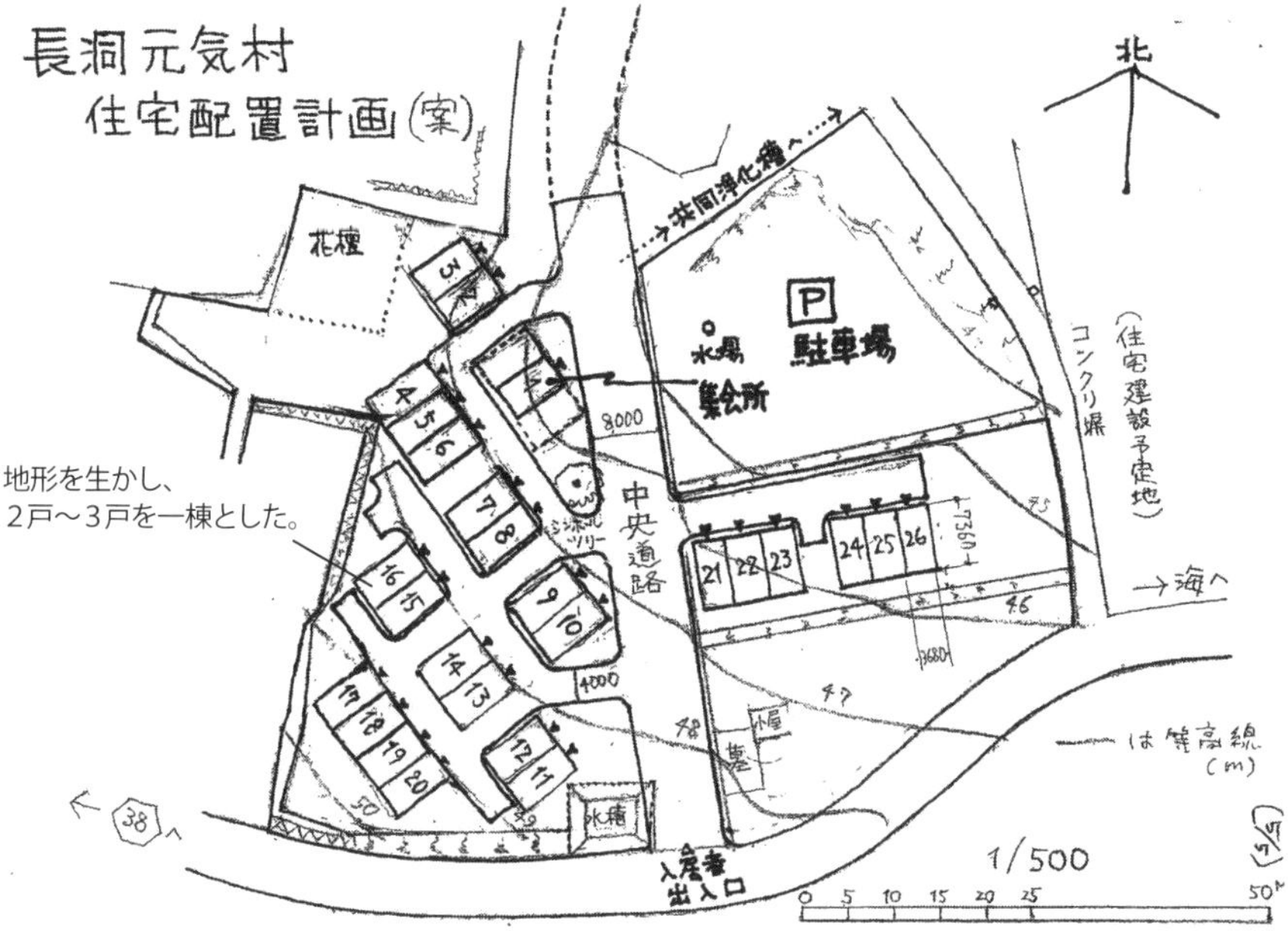

図１－６
陸前高田市長宛ての要望書

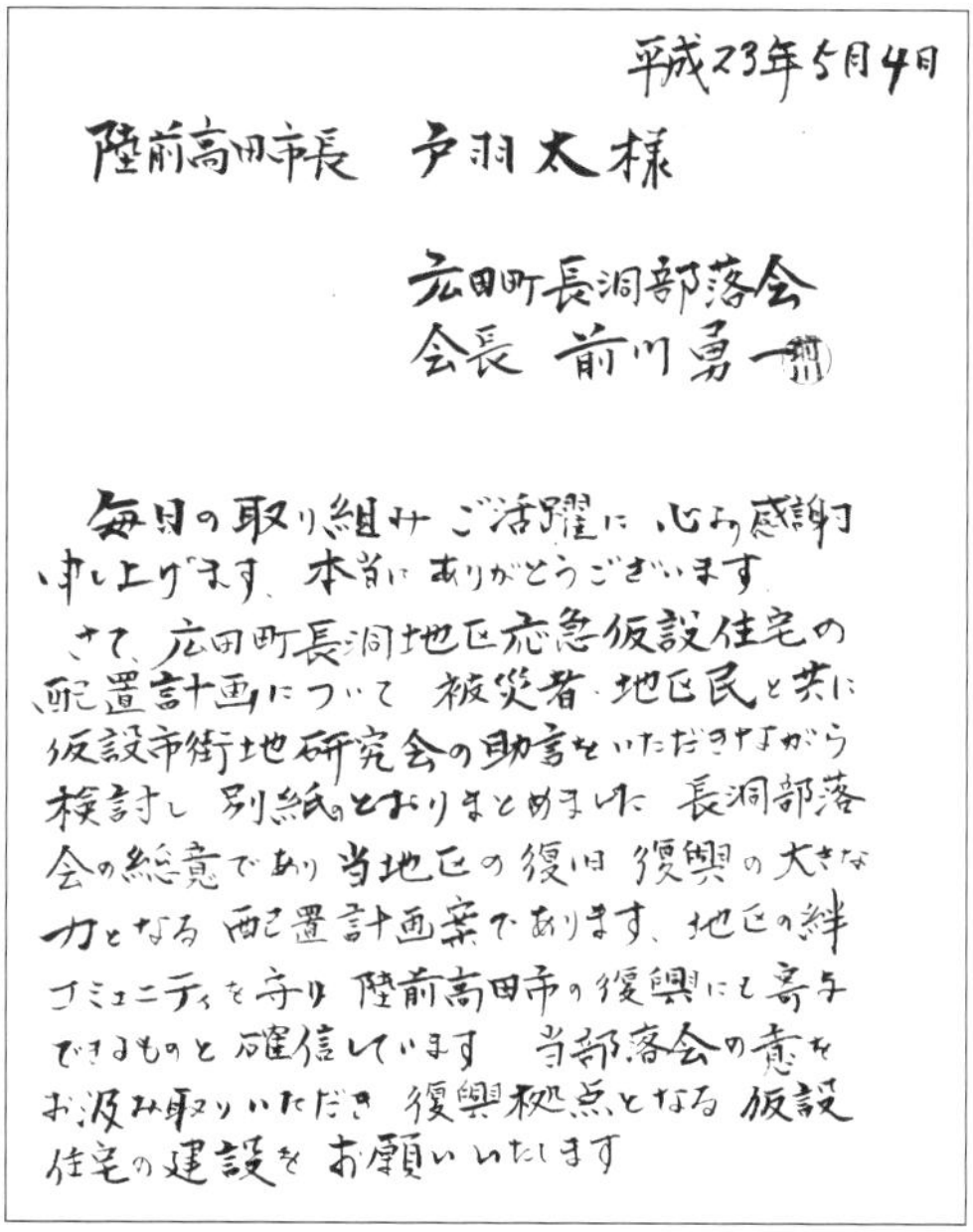
平成23年5月4日

陸前高田市長　戸羽太様

広田町長洞部落会
会長　前川勇一

毎日の取り組み ご活躍に 心より感謝申し上げます。本当に ありがとうございます
さて、広田町長洞地区応急仮設住宅の配置計画について 被災者・地区民と共に仮設市街地研究会の助言をいただきながら検討し 別紙のとおりまとめました 長洞部落会の総意であり 当地区の復旧 復興の大きな力となる 配置計画案であります。地区の絆 コミュニティを守り 陸前高田市の復興にも寄与できるものと 確信しています 当部落会の意を お汲み取りいただき 復興拠点となる 仮設住宅の建設を お願いいたします

図１−７　長洞での仮設住宅建設開始を伝える新聞社説
（朝日新聞 2011 年 5 月 19 日）

2011・5・19

震災と地域

絆をつないで復興を

被災地のあちこちで、地域の絆の強さを見聞きする。

岩手県陸前高田市長洞《ながほら》地区は養殖が盛んな小漁村だ。約60戸のうち28戸が津波で流された。震災直後から米や薬の調達、仕事の分担と、地区の自治組織がフル回転した。無事だった各家に分散し、避難生活を続ける。

市では少ない公有地を探しての仮設住宅建設が進む。だが長洞からは近い所で数㌔もある。入居者は抽選で決まり、まとまって入れる保証はない。

「絆を壊すまい」と、地区副会長の村上誠二さんが地主にかけあい、畑や空き地だった約4千平方㍍の無償貸与を取りつけた。市は初め渋ったが、26戸の仮設建設が先週始まった。

長洞では公民館も流された。仮設1戸分を集会室にできないか。地区総会を開く広場やウッドデッキもほしい——。そんな話が盛り上がる。集落内の民有地を仮設に提供する動きは、他自治体でも出てきている。

仮設住宅での暮らしは長引くだろう。生業《なりわい》の再建までいくつもの山がある。踏ん張るか、離れるか。悩みつつ、故郷のことを話し合う場でもある。

住人が顔を合わせやすい配置にする。介護拠点なども置く。自宅や市外で暮らす人も立ち寄る。単なる仮住まいではない、「仮設のコミュニティー」を築けないか。店や工場を流された人が仮店舗や作業場を開けば、地域経済の始動エンジンにもなる。考えたい視点だ。

もちろん、長洞のような所ばかりではない。地域の絆が切れかかっている現実も広がる。

特に福島原発周辺の町や村では、散り散りになっての避難を強いられている。仮設建設がもたつく間に民間アパートを見つけ、避難所を出る人。子育てやローンを抱え、東京や仙台で仕事を探す人がいる。

総務省は、被災者が移転先の役場に届け出れば、元の住所の市町村に伝わるシステムの運用を始めた。見舞金支給など行政サービスだけでなく、被災地の現況を知らせ、まちづくり協議への参加を呼びかける。そんな形で活用できないか。

阪神大震災では避難所から仮設、復興住宅へ、あるいは県外へと移るたび、コミュニティーは分解され、傷ついた。近代都市神戸は復興したが、そこから取り残され、孤立する人を生んだ。その轍《わだち》は踏むまい。

被災地の復興とは何か。住まいや仕事の再建に加え、人々の「つながり」の復元は欠かせない。被災者が主体となってまち・むらの将来の姿を議論し、決める。その動きを応援しよう。

自然に「長洞元気村」とすることが決まった。

配置計画の考え方は、①地形順応（地形が複雑で勾配があることを踏まえ、なるべく造成を少なくするような配置、権利関係に十分配慮した計画）、②豊かな外部空間の創出（各戸のプライバシーと全体との調和、表情豊かな外部空間〈ハレとケの空間づくり〉）、③コストパフォーマンス（地形を生かした棟配置や設備配管などで、全体として４～６戸の連棟型と遜色のない計画）の３点を掲げ、これによって、復興に向けて「元気」の出る仮設集落づくりができるとした。

計画図には、兵舎が並ぶようなパナホームの計画案とは違い、地形に沿ったかたちで２戸１棟型を基本にした仮設住宅棟を並べ、26戸のうち１戸を集会所とし、計画地の中央に配置した。それに長洞部落会長・前川勇一さんから陸前高田市長宛ての要望書を付けて、翌日、市役所に持参することにした。

市役所で仮設住宅担当者に修正案を示し、説明したところ、仮設住宅建設は、県の所管で、市としてはコメントのしようがないとの回答であった。そこで私たちは、その案を県の仮設住宅担当課長にも送付し、帰京後、国土交通省の課長とも会い、修正案実現に向けて側面的な支援要請をおこなった。

5　長洞元気村の着工

５月７日、私たちに密着取材を続けてきたＮＨＫの「週刊ニュース深読み」で、長洞の活動が紹介された。

そのニュースが有効に働いたかどうか定かではないが、5月10日、県は急転直下、長洞元気村は私たちの修正案通りに変更することを決定した。しかし皮肉なことに、その日現場では、ブルドーザーが地形をならし始めた。県の決定が現場には届いていなかったのだ。その後、県は長洞に、26戸の仮設住宅に加えて12坪の談話室（私たちの理解は「集会所」）を設置することを決めた。

最終的にパナホームから示された計画案は、私たちの修正案とは違うものだが、地形が変わってしまったこと、談話室が独立して確保できたこと、なるべく早く入居できるようにすることから、受け入れることとした。

6 活動資金の確保

長洞の支援が長期化することが見込まれたので、復興まちづくり研究所として独自の活動資金の確保が必要になった。少なくとも交通費を何らかの形で捻出する必要がある。日本財団がロードプロジェクトの助成事業を始めたと聞きつけ、早速4月28日に活動助成を

図1－8　最終的にパナホームから示された計画案

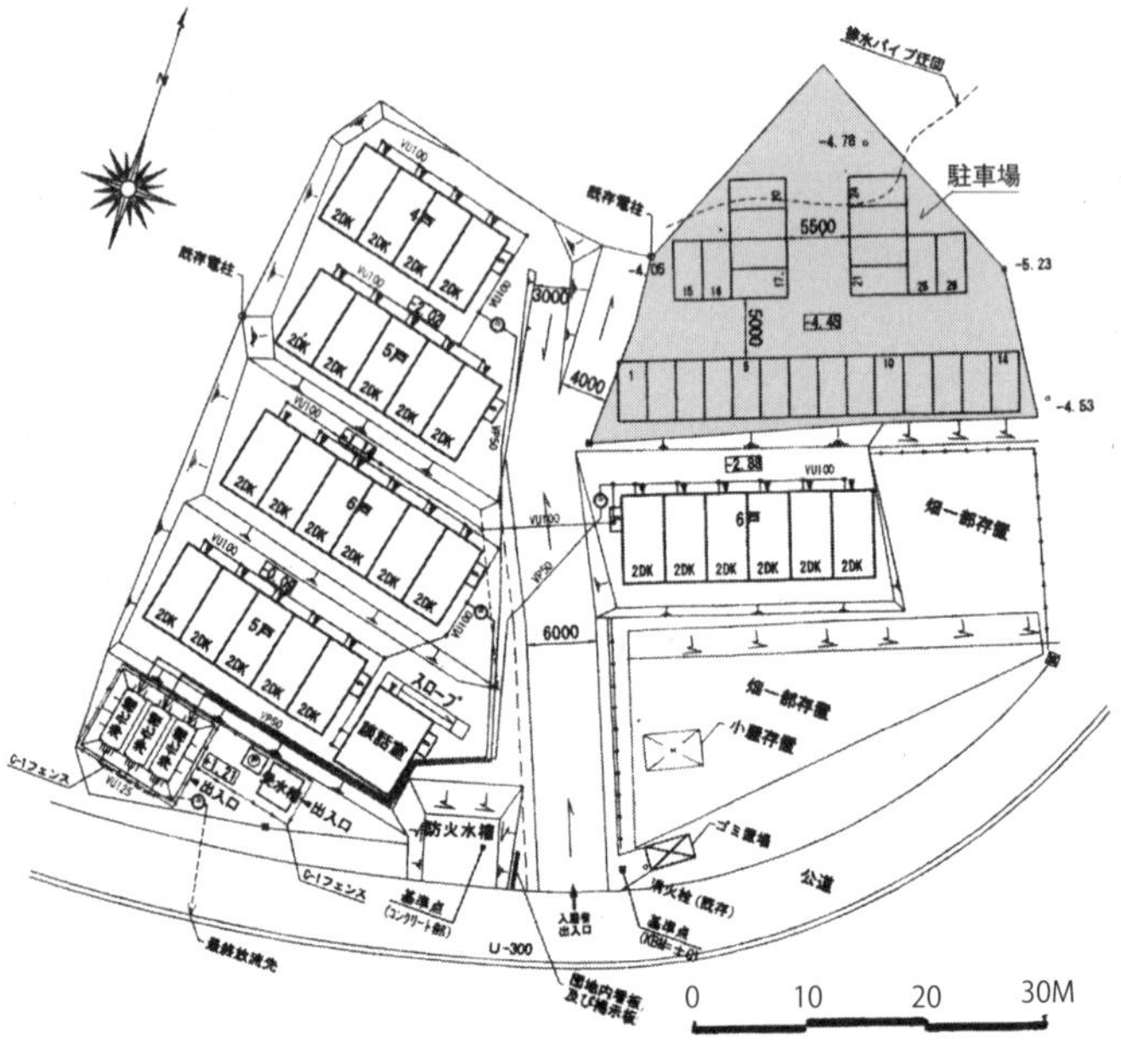

申請、５月19日に助成金交付の知らせが届いた。１００万円だ。これで私たちの活動も一息つけることになった。その後、７月に、住まい・まちづくり担い手事業の支援団体として長洞元気村協議会名で１６５万円の補助を受けられることになり、なんとか当面のやり繰りができるようになった。

しかしながら、その後さまざまな団体の助成事業に応募を続けたものの、連戦連敗のありさまで、支援資金の捻出は容易なことではなかった。特に、助成金を支援する団体の支援先が次第に被災地の現地で本拠を構える団体にシフトし、東京を拠点にする私たちはなかなか参入しにくくなっていった。

4　長洞元気村の開村

1　「長洞元気村」開村をみんなで祝う

村上さんは、遠野市のボランティアから寄贈されたパソコンを活用して、５月14日に「長洞元気村ニュース」第1号を発行、長洞元気村の完成まで毎週出し続けた。これは被災者のみならず長洞集落全体の貴重な情報媒体となった。

長洞元気村の建設は、資材調達の関係から遅れてしまい、６月６日にスタートして、６月30日にようやく陸前高田市への引き渡しがなされた。

仮設住宅が長洞にできたものの、果たしてそこに長洞の被災者が本当に住むことが

図1－9　長洞元気村ニュース第1号（2011年5月14日）

長洞元気村ニュース

平成２３年５月１４日
復興　第　１　号

仮設住宅着工！

震災以来、多くの方々の協力とご支援により、いよいよ長洞に仮設住宅が建ちます。震災後の部落会の組織的対応がNHKの「週刊ニュース深読み」で紹介されたことで全国の注目を浴びることとなりました。長洞部落会の“絆（きずな）”が高く評価されたものです。これからも私たちの財産として大事にしたいと思います。建設着工に当たり、仮設住宅建設予定地を無償提供いただいた地権者の方々に心から感謝申し上げます。本当にありがとうございます。

これからは、仮設住宅でそれぞれ再建を目指すことになります。仮設とはいっても大事な２年間です。お互い声を掛け合いながら一歩一歩進んでいきたいと思います。子供たちの元気と若者の行動力と高齢の方々の苦難を乗り越えてきた知恵を集めて地域の復興活動に活かししていきたいと思います。また、住宅建設に当たっては仮設市街地研究会の方々の助言をいただきながら市への要請活動ができました。夜を徹して配置図や集会所の整備計画など被災者・地区民の要望を組み入れながら検討しまとめていただきました。

提供いただいた地権者の方々
村上みき子さん（長洞）
村上　　強さん（長洞）
村上　英夫さん（長洞）
金沢　菊男さん（袖野）

市の建設課もびっくりするほどの素晴らしい計画案でした。

仮設住宅着工の大きな力になったことは間違いないと思います。研究会の方々の思いを受け止めながら充実した仮設住宅生活にしたいものです。

これからの私たちの復興活動にもご支援・ご協力いただけるとのことなので、その発想・学識に期待したいと思います。

仮設市街地研究会のおもろい面々
代表　濱田甚三郎　首都圏計画研究所代表
　　　原　　昭夫　まちづくり研究所所長
　　　鳥山　千尋　ふれあいの家所長
　　　森反　章夫　東京経済大学教授
　　　江田　隆三　地域計画代表取締役

ふくかいちょうせいじのつぶやき

NHKのニュース深読みのディレクターである佐々木さんそしてアナウンサーの稲塚さんほかスタッフの方々、何度も長洞に足を運んで取材していただき、長洞地区の活動を全国放送で紹介していただきました。長洞地区として誇らしい思いを持つことができました、関係スタッフの方々に感謝ですね。感心させられたのはマイクを私に向けた時のスタッフの表情である。営業用なのかなとも思いながらインタビューに答えるのだが、受け手であるスタッフは必ずと言っていいほど笑顔で全身で頷き「そうだ。そうだ。そのとおりだ。」といった風の賛同するような納得するようなそんな感じの対応である。ついつい言わなくてもいいことまで言ってしまうこともあったが、聞き上手のプロの技かもしれない。そう思うことが何度かありました。朝日新聞社の論説委員石橋さんからもらった酒は口説き上手という山形の日本酒だった。聞き上手に口説き上手、震災を乗り越えたらそういわれるような洒落た男になっていたいもんです。

できるのか。他の仮設住宅と同じに抽選入居で誰が住めるのかわからないのではないか、との思いが消えなかった。しかしそれは杞憂であった。

7月12日に仮設住宅団地の自治組織「長洞元気村」の村長・戸羽貢さんに対して全住戸と集会所の鍵が引き渡され、7月14日には、全員が仮設住宅に引っ越しすることができた。仮設住宅への入居は、被災前の集落の家の並び順と決められた。もとの集落でのお隣さんが、仮設でもお隣さんになるという工夫だ。少しでも暮らしの継続性を回復する狙いからである。

7月17日には、長洞元気村の入居者、集落の人々や支援者総勢２５０人が集まって開村式が開かれた。開村式の準備は前日から進められ、元気村のメイン道路沿いに、瓦礫を活用したテーブルやベンチが設けられた。

12時に、大船渡からアマチュアのチンドングループ「寺町一座」が登場、にぎやかに式典を盛り上げ、一息ついて手づくりの流しそうめん、豚汁、炊き込みご飯、フルーツポンチや酒がふるまわれた。次いで長洞の若者たちによって、長洞太鼓の復活を祝う演奏が披露され、最後に元気村村長の感謝の辞で式典は閉じられた。

２　「長洞元気村」を拠点に動きだした復興

ようやく自分たちの仮設住宅が完成し、日々の暮らしが始まった。仮設住宅の各戸には屋号を記した木製の表札が誇らしげに掲げられた。元気村の談話室には震災復興センターの看板が掲げられ、元気村役員会、パソコン教室、料理教室、お茶っこ会な

写真１−10　開村式が始まった。

写真１−11　開村式を盛り上げる寺町一座。

写真１－12　空から眺めた長洞元気村（中央に見える白屋根５棟、2012 年 5 月頃撮影）。

写真１－13　屋号を記した表札。

写真１－14　笑顔の集まる土曜市。

ど、連日にぎわっている。各戸に寄せられた救援物資、農作物、水揚げされた魚などを出品する土曜市も始まった。仮設での暮らしも忙しい。日々の仕事に戻る人、瓦礫の撤去の仕事に就く人、さまざまだ。

仮設住宅の玄関前に庇をつなげるなどの環境改善も進んできている。仮設住宅の入居者に気仙大工がいるので、そうした造作はお手のものだ。[*6]

＊6：濱田甚三郎『東日本大震災からの復興まちづくり』（大月書店、2011年）「3　仮設市街地・集落づくり」（73〜98頁）を一部修正。

第2章 復興協議と高台移転

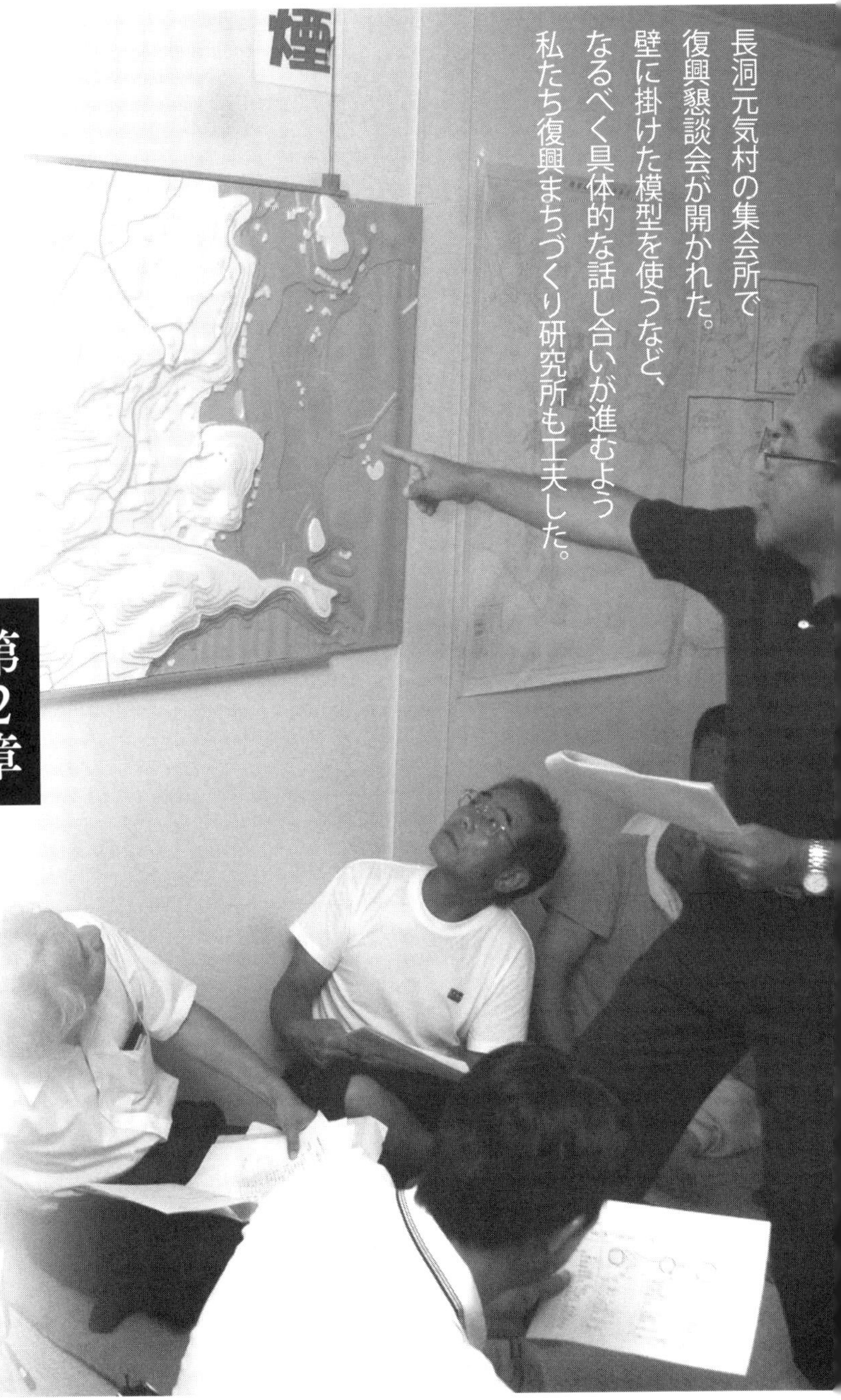

長洞元気村の集会所で
復興懇談会が開かれた。
壁に掛けた模型を使うなど、
なるべく具体的な話し合いが進むよう
私たち復興まちづくり研究所も工夫した。

1　子どもと高齢者の笑顔のあるまちづくり

1　どん底からの長洞集落のまちづくり・くらしづくり

陸前高田市広田町長洞地区応急仮設住宅団地（19世帯、26戸、79人）を長洞元気村と呼んでいる。震災後、長洞集落（約60世帯、約２００人）のコミュニティを維持したいとの思いから被災者自ら地権者を説得し、行政に要望してできた稀有な仮設団地である。

「被災地近接・コミュニティまるごと・被災者主体」を実現し、住民主体の自治会運営と好齢ビジネス（女性と高齢者の雇用創出事業）を展開、携帯電話を活用したネットワークを構築（ＩＴ革命と呼んでいる）、ブログやフェイスブックで村のようすを全国に情報発信する、活力に満ちた仮設団地である。

津波は、長洞集落の60戸中28戸の家屋家財を全壊流失させ、98人の住まいと多くの世帯が生業に使っていた船や作業小屋や漁具を奪い去った。水道・電気・電話が途絶え、物資を運ぶはずの道も被災して通ることができなくなり、長洞集落がある広田半島は完全に孤立したのだった。自然の脅威に怯え、「どうなるのか。何をどうすればいいのか」と、ただただ不安な気持ちで迎えたあの日の夜、小雪が舞う２０１１年３月11日、まさにどん底からの私たち長洞集落のまちづくり・くらしづくりが始まった。

声をかけ合い、高台にある部落会長の自宅に避難したのは、暗くなりかけた夕方である。女性部が賄い班となって全集落民分の炊き出しを開始。部落会役員が中心となって対策会議をおこなう。被災者は、集落内の被災を免れた民家に分宿し、避難生活を始める。翌日には集落内の家々に残っている米（食料）の量を調査し、部落会に提供していただくことを確認、集落にいる２００人の約1カ月分の米（食料）を確保する。仕事に行ったまま戻ってこない長洞集落民が市内の避難所にいないかどうかの情報収集と安否確認は、２コースに分かれて実施。医薬品調達は、１日目は処方箋や薬手帳を回収し、それを持って病院へ、２日目は1日目に受け取れなかった人をワゴン車に乗せ病院へ連れて行く。夜の見回りや使える漁具・燃料などの回収活動も実施。部落会が食料・飲料水・燃料等を管理統制して協力を呼びかけながら生活再建に向けた取り組みを進めたのである。陸前高田市役所は、庁舎そのものが被災し、約３００人の職員のうち約１００人が犠牲になり、行政機能も停止した状況だった。長洞集落は、自ら生き抜くために一丸となって動き始めた。次から次と出てくる問題や課題を一つひとつ部落会役員会で話し合い、集落全戸集会で確認し、認識を共有しながら住民主体の被害対策が展開されていった。

学校も被災し休校となる。子どもたちの学習機会がなくなったことを憂い、集落にいる教員の協力を得て、3月23日に地域学校（寺子屋塾）を開設、小中学生34名の元気な学習活動が始まった。集まってきたのは子どもたちだけではなかった。80歳90歳の高齢の方々が遠巻きに子どもたちの活動のようすを見て「長洞にも未来があるんだ」「この子どもたちのために頑張らないと」と声を上げるのだった。ライフラインが途絶え、絶望的な光景が広がる中で、「長洞元気学校」と呼ばれたこの地域学校は

写真２-１　長洞元気学校の子どもたちの遠足。（２０１１年４月）

長洞集落に元気とやる気を送り続けたのだった。

2 「被災地近接・コミュニティまるごと・被災者主体」を実現

仮設住宅への入居は抽選方式で進めるという陸前高田市の方針に、地域コミュニティの危機を感じて動き出す。4人の地権者を説得し、約1200坪の畑を無償で5年間借用できることとなった。これを踏まえ、入居申込書（19世帯、26戸）をまとめて、長洞集落の被災者のための仮設住宅建設要望書を提出する。市当局との要求交渉を幾度となく続け、長洞地区仮設住宅の実現となる。2011年7月17日、長洞元気村（長洞地区仮設住宅団地）の開村式がおこなわれ「復興の誓い」を皆で確認した。

以来、震災前の家の並び順に入居し、被災前から続いている信頼関係を維持し、仮設住宅の「くらし」の快適化を進めながら「新しい長洞づくり」に取り組んでいる。「笑顔の集まる土曜市」では畑で採れた野菜や支援物資で分けきれなかったものなどが販売され、売り上げは自治会の共益費に繰り入れられている。市日は、ほとんどの世帯が顔を出し、ちょっとしたにぎわいができる。出てこない人がいれば必ず声をかける。誰が決めたでもないが、自然な形で声をかけ合うことで、生活不活発病や閉じこもり・孤独死などの予防活動がおこなわれている。

多くの世帯の玄関には庇が設けられ、雨の日の交流も容易におこなわれる。隣近所で話し合い、自前で快適化の工事を進めたのである。集会所周辺の庇は共益費で材料を仕入れ、共同作業で完成させている。中には元気村横丁の赤提灯を下げ、隣近所を

写真２−２　完成祝いの乾杯！「元気村横丁」のひとこま。仮設住宅の通路に屋根を差し掛けた。（2011年秋）

誘いながらビールを飲んでいる村人もいる。流木を集めてつくられた屋外ステージ（ウッドデッキ）が村の中央にあり、その向かいには8畳ほどの「長洞の未来」の大きな絵画が掲げられた。「長洞元気村」の看板の下には地域の方々から手形やメッセージを集めて子どもたちが作成した6畳ほどの大漁旗が備え付けられている。村の奥には、アフガニスタンから贈られたという直径5メートルの遊牧民テント「パオ」がある。ここは本当に東日本大震災の被災者が住む仮設住宅なのだろうか、そう思わせる村の光景である。訪れた方々にディズニーランドみたいだと言われるほどである。

3 女性たちで「なでしこ会」を結成

長洞元気村が開村したのと同じ時期、第3章で述べるように仮設住宅の女性たちが集まって「なでしこ会」が結成された。長洞集落の伝統菓子「柚餅子《ゆべし》」をつくって販売しようと集まったのである。日中働きに出る男たちに代わって主体的な長洞元気村の自治会運営をも担ってもらうことになる。元気学校や仮設住宅建設に関わる取り組みが新聞・テレビなどで取り上げられることが多く、その対応に追われる村長や事務局長の負担軽減を図ってくれたのは、このなでしこ会の方々の主体的な活動で、自治会運営上も大きな成果を生んでいる。

そんな中で「ボランティアツアーを受け入れていただけないか」という問い合わせが入る。長洞元気村役員となでしこ会役員が話し合う。「昼食はどうするか」「トイレはどうするか」「不安はあるけどやってみよう」「被災地に来るのだからある程度の不

写真2-3　なでしこ会のマツモ干し作業。

便は分かってもらえると思う」。料金をいただいて受け入れることは確認したのだが、大きな課題が残った。「ボランティアって何をしてもらおうか」である。

4 新しい長洞づくりとおもてなし

震災から約1年たった4月、復興まちづくり研究所の濱田さん、原さんらを迎えて第1回長洞未来会議を開催、新しい長洞づくりについての話し合いが始まった。漁業と港をしっかりと再生させたい。この震災の教訓を後世に語り継ぐべきだ。柚餅子を売ってはどうか。震災前の長洞に戻すのではなく、もっと活き活きした集落にできないだろうか。漁業体験ツアーや農業体験ツアーの受け入れ民泊はできないだろうか。いろいろ話し合った結果、できるところから少しずつでも実践してみようということになった。最初のボランティアは、語り部ツアーや漁業体験ツアーのモニターになってもらおう、ということになった。東京・世田谷区のNPO法人せたがやオルタナティブハウジングサポート「SAHS（サース）」のボランティアツアーの受け入れが決定したのだ。

長洞元気村は、できる限りのおもてなしを考えて準備をする。被災者の思いに寄り添おうとする訪問者（モニター）との交流が感動を呼び、深いつながりになっていく体験は何ものにも代え難い。充実感と感謝の思いが広がっていく中から復興への思いも強くすることができたのだった。それから約1年で有償・無償の約30団体総勢300人は受け入れたことになろう。

陸前高田市（気仙地域）の特産品を年4回送る「長洞元気便」の取り組みも始まった。長洞支援会員の募集をおこない、会費に応じた特産品を提供する事業である。70人余りの会員へ送る特産品の生産・加工を含めて好齢ビジネス事業へのチャレンジが続いている。時間に追われるような働き方を避け、時間を気にしない働き方である。孫の世話や高齢者の通院の付き添い、親戚の行事などを前提とする生活優先の働き方である。働けた分だけ賃金を支払う。働いた方々は、集落の未来のための活動に生きがいを感じ、「時給５００円」をもらいすぎではないかと気遣うくらいだ。そんな収入を生み出す活動が強い絆をさらに強くしているように思えてならない。

富士通とドコモから40個の携帯電話の支援を受けたＩＴ革命。初めて携帯電話を手にした人が５人いた。「音が鳴ったらパカッと開いてボタンを押して話します」というように、個別の操作説明から始めなければならない状況だったのが、今では一斉メールを活用したネットワークが構築され活用されている。「サンマの欲しい人は入れ物を持って集会所にお集まりください。17時からお配りします」というメールを見ると、袋やボールを持って集まってくる。役員会からの連絡はほとんどがメールである。ブログで発信された情報も定時に携帯に配信され、情報の共有が進められている。これが長洞元気村の大きな財産になっている。

津波で家屋・財産を失い、住宅再建に取り組んでいるが、一人ひとりが競争にさらされる住宅再建では精神的にも経済的にも行き詰まってしまう。お互いの生活や価値観を認め、協力できるところを探し出すのが地域コミュニティである。食べきれないくらいの漁があったときはみんなに分けて配る。それが小さな漁村の伝統で

図2－1　長洞元気村協議会が「あしたのまち・くらしづくり活動賞
内閣総理大臣賞」の受賞を伝える新聞記事（読売新聞　2013年11月21日）

（第3種郵便物認可）　2013年（平成25年）11月21日（木曜日）

震災 復興

長洞元気村 住みよさ追求

あしたのまち活動 総理大臣賞

住み良い地域社会を創造するため、独自の発想でまちづくりなどに取り組んでいる団体などを表彰する今年度の「あしたのまち・くらしづくり活動賞」（あしたの日本を創る協会、読売新聞東京本社など主催）で、東日本大震災後に集落一体となった仮設住宅の運営やボランティア受け入れなどの事業をしている岩手県陸前高田市の「長洞《ながほら》元気村協議会」が内閣総理大臣賞に選ばれた。協議会事務局長の村上誠二さん(57)は、「みんなで復興に向かう力になる」と受賞を喜んだ。

陸前高田市広田町の長洞集落は、60戸約200人のうち28戸約100人が被災した。同市が仮設住宅への入居者の決め方を抽選としたことに対し、「コミュニティーを守りたい」として自分たちで建設用地を確保し、2011年7月に集落の被災者が入居する仮設住宅「長洞元気村」をオープンさせた。

現在の入居者は、17世帯79人。平日は、50～80歳代の主婦ら12人でつくる「なでしこ会」が、支援物資の仕分けなど仮設運営の中心を担う。同会は、地域の伝統菓子「ゆべし」を作って市内外に販売したり、ボランティアの受け入れ業務を担当したりもしている。

協議会は昨年夏からは、漁業体験や被災地ツアーなども受け入れ始め、これまでに約500人が現地を訪れた。全国から募った年会費2万円の支援会員には75人が登録している。支援のお礼に年4回、ウニやアワビなどの特産品を送るサービスも続けている。

こうした活動の根底には、「これだけの被害を受けて、復旧にとどまってはいけない。収入も増やし、もっと住みよい長洞にしていこう」（村上さん）という思いがある。今後、高台移転や災害公営住宅への転居が進められることになるが、村上さんは「コミュニティーを守ることを大切にして、頑張っていきたい」と前を見据えている。

内閣総理大臣賞受賞を喜ぶ村上さん（岩手県陸前高田市で）

復興支援に関する情報をお寄せください。〒104・8……新聞東京本社地方部あある。「オレは地域のみんなに見守られて育てられた。だから、見守る義務があるのだ」。小さな漁村の常識である。被災者を代表して震災の翌日の集落全戸集会で「なんとか私たちを助けてほしい」。被災した下組の人々を代表する形で、戸羽貢さん（後に、仮設住宅団地・長洞元気村の村長）が深々と頭を下げた。「そんなの当たり前だ」。古老が答えた。儀式のような問答の中に、私は地域コミュニティの中で生き抜こうとする覚悟を見たと思っている。

「高齢者と子どもの笑顔があるまちづくり」が長洞元気村のスローガンである。子々孫々が活き活きと暮らせる長洞集落のまちづくり・暮らしづくりはそこで生き抜く一人ひとりの覚悟と行動（活動）によって少しずつ前に進んでいるのである。

5 前を向くしかない

仮設住宅は、テレビ、エアコン・冷蔵庫など生活必需品の支援を受け、風呂・水洗トイレ付きで衛生的な住環境である。満たされた暮らしであるはずなのだが、家屋家

写真2－4　長洞元気村の笑顔。

財を失った喪失感・先の見えない暮らしづくりへの不安感、たとえようのない欝々とした思いが心の奥底に沈んでいた。そんな思いを払拭させたくて仮設住宅の快適化工事を提案。復興まちづくり研究所の後押しもあり、仮設長屋の玄関先に2間ほどの庇を設置し、4～5世帯の隣近所が雨天でも傘を差さずに行き来できる空間づくりに取り組んだのである。集会所の周りも2～3間ほどの庇を設置し、いつでも集まれるスペースを何カ所も設置した。効果はてき面で、流木を集めてつくった6坪（約20平方メートル）ほどのウッドデッキとともに憩いの場所として活用されたのだった。

しかし、被災してすべてを失ったことと住空間の狭さからは逃れようがない。それぞれが感じる劣悪な環境を口にすればするほど、自分がみじめに思えてしまう。それが嫌で、仮設暮らしのなかでも便利さを探し、懸命に自分の心に「いいこともあるじゃないか」と言い聞かせ、自分の出番を探していたように思う。高齢女性の方々も「なでしこ会」を結成して、水産加工品や柚餅子の製造販売をおこなう好齢ビジネス事業を展開。被災地体験ツアーの案内や体験交流事業を開発し、首都圏の小中高校生・大学生・国内の企業や市民団体はもとより、コートジボワールの行政官、台湾高雄市の六亀中高等学校の団体などを有料で受け入れ、時給500円の収入を得ている。そこに暮らす被災者一人ひとりが「前を向くしかない」と自分に言い聞かせながら、励まし合い、慰め合ってお互いを支え、持続可能な地域づくりと暮らしづくりを考えていたのである。支援物資が全国から届くたびに「これでしのげる。これで生き抜く」と思うのである。

写真2-5　長洞元気便の商品例（ホタテ、ウニ、マツモなど）。

6 コミュニティまるごと

行政からの支援もあり、住宅再建が進む。防災集団移転用地も被災住民が話し合いを持ち、地権者の了解を取り付けて防災集団移転事業による宅地造成を要望。併せて集落内に戸建ての災害公営住宅の建設を要望したのだった。コミュニティまるごとの仮設住宅建設が実現し、本設の住宅再建も「コミュニティまるごと」が仮設住宅団地の合言葉になっていったのである。

２０１１年７月に19世帯26戸で出発した私たちの仮設住宅団地は、２０１５年２月の明け渡し、３月の解体となり、自治会としての「長洞元気村」も、２０１５年３月の解散となった。しかしながら、ワークショップでは「新しい長洞づくり」の長洞元気村の活動は続けたいとの声が多く寄せられ、その活動は、一般社団法人長洞元気村として続けることが確認されたのである。

仮設後の活動を考えて、２０１３年５月から長洞元気村の活動拠点「なでしこ工房＆番屋」建設の資金確保と建設工事を同時並行で取り組んだ。資金確保できた分の自力建設である。約２年間の取り組みで仮稼働できるまでに至っ

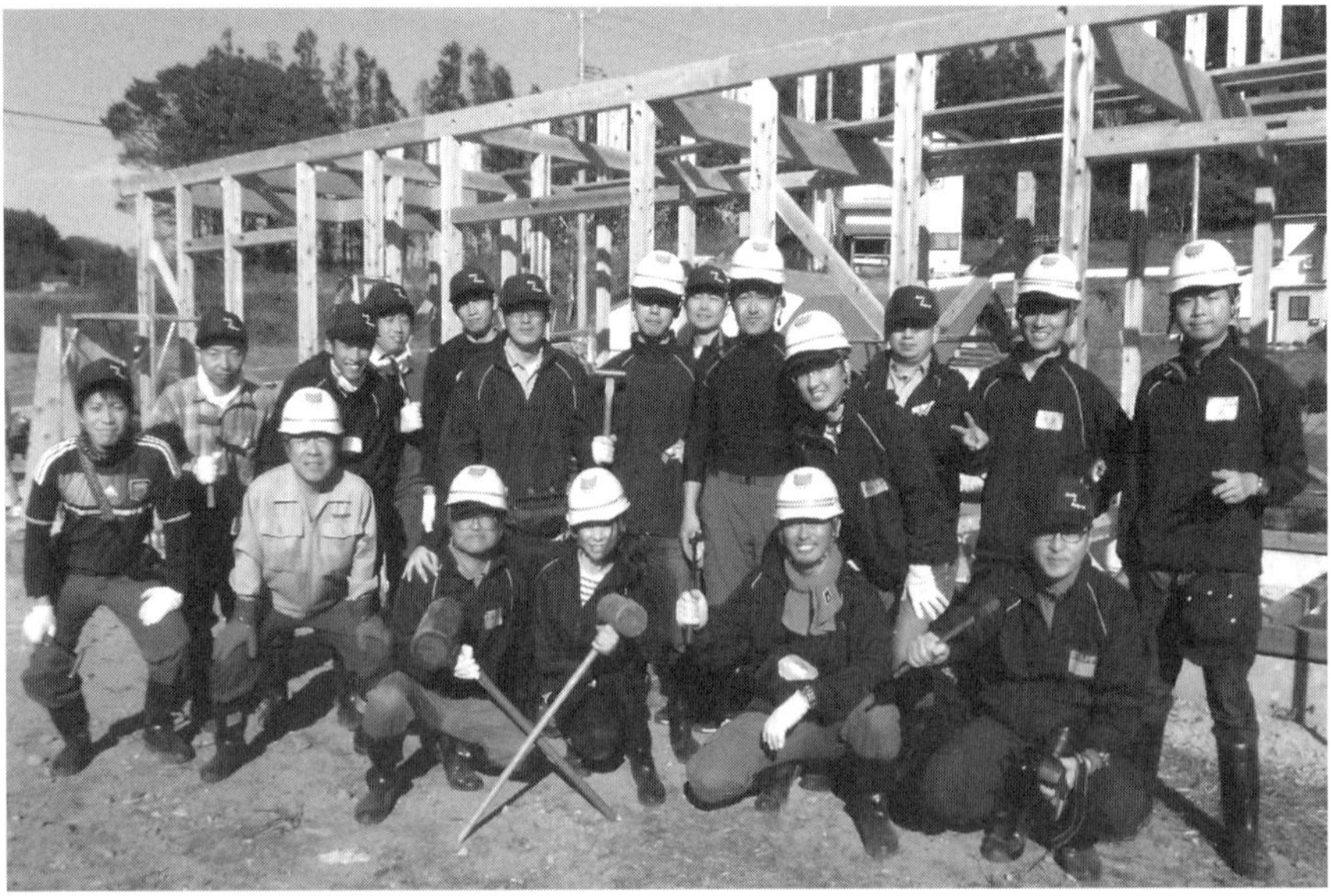

写真２－６　「なでしこ工房＆番屋」の建設工事を支援する千代田化工建設の皆さん。(2013年11月)

たのである。千代田化工建設や富士通システムズ・イーストをはじめとする企業やボランティア団体・個人の方々からの支援を受けての取り組みである。

7 最後の一人まで

防災集団移転事業による住宅再建は、建設用地は行政で準備し、住宅建築は被災者自らおこなうこととなる。長洞地区での用地の引き渡しは２０１４年の7月におこなわれ、準備の整ったところから着工となった。陸前高田市としては戸建ての災害公営住宅建設はおこなわない方針である旨の通知を受け取ったのもこの頃である。工務店等の都合もあり、住宅再建は思うようには進まず、仮設から他地域の空き仮設（広水《ひろすい》仮設団地、財当《ざいとう》仮設団地）に移らざるを得なかった世帯が7世帯あったが[*1]、利用していた仮設用地に住宅再建を検討している地権者もあることから納得しての引き渡しであった。

防災集団移転事業による高台移転10世帯が完了したのは２０１５年の秋である。ちょうどその頃、長洞仮設から広水仮設団地（旧広田水産高校に建設された仮設住宅団地）に移った高齢女性が夜になると「長洞に帰りたい」と騒ぐようになり、「隣近所に迷惑をかけるから」との理由で「県立病院に入院させた」との連絡を受けた。心配していた高齢者の孤立・うつ病罹患が現実となってしまったのである。高齢女性の一刻も早い長洞集落での暮らしをつくることが長洞元気村の重要課題となった。

長洞元気村から、２０１５年11月11日、一般社団法人岩手県医師会会長・石川育成

＊1：高台移転が進むなか、撤去することとなった仮設住宅の居住者は、空き室のある他の仮設住宅団地へ移住する。

様宛てに、次のような「陸前高田市立第一中学校敷地にあるトレーラーハウスの払い下げ願い」を送付した。

秋冷の候、貴職にはますますご清栄のことと存じます。また、被災地陸前高田市の医療充実にご尽力いただいていることに心から感謝申し上げます。本当にありがとうございます。

さて、私たちは陸前高田市広田町長洞地区応急仮設住宅団地自治会を長洞元気村と呼んでいます。東日本大震災後に「被災地近接」「コミュニティまるごと」「被災者主体」の仮設住宅団地を実現した稀有で元気な仮設住宅団地です。震災前の地域コミュニティを大事にした、支え合いのできた仮設団地でした。

防災集団移転事業や自主再建が進み、平成27年2月に明け渡し、3月には解体された住宅団地なのですが、資金計画や工事計画が整わず、仮設住宅から近隣の仮設住宅に移らざるを得ない世帯もありました。

今般の払い下げのお願いは、長洞集落から離れて住んだ高齢者が夜中に「長洞に帰りたい」などと大声を出すようになり、県立大船渡病院に入院（10月下旬）したとの情報を得て、そのご家族と話し合い、長洞元気村役員会で協議・確認したお願いになります。80歳を超えたご夫婦と知的障害のある50代の息子（二男）さんの3人暮らしの世帯なのですが、高台の用地は確保できているものの資金計画が立てられず、時限入居で災害公営住宅に入ることも考えているとのことでした。トレーラーハウスをいただいて、とりあえず長洞地域で暮らす環境整備を進

写真2-7　長洞への移送を待つトレーラーハウス（高田第一中学校の校庭にて）。

め、入院している家族をまずは長洞に呼ぶのはどうか、との提案に、そういうことができるのであれば、お願いしたいということでした。長洞元気村役員会で協議した結果、住宅再建が進んでトレーラーハウスが住宅として使われなくなったら長洞元気村の集会所として活用することも決めています。そうした話し合いの中で、陸前高田市立第一中学校にある岩手県医師会のトレーラーハウスの払い下げをお願いすることとなった次第です。

岩手県医師会のご意向もあるかと思いますが、事情ご理解のうえ、払い下げいただきたくお願い申し上げます。

２〜３日後に医師会から、「理事会での決定が必要になるが、希望に添えるように医師会としても協力したい」との心温まる返事が返ってきた。

住宅の建設資金の確保には連帯保証人が必要である。浜一番の漁をしたことを誇らしげに語ったこともある元漁師への金融機関の要求は、二重ローンを抱えることとなる高齢者世帯には重くのしかかる。それでなくても前のローンの取り立てが連帯保証人に及びはしないか不安なのである。「これ以上実家や親戚に迷惑をかけるわけにはいかない」。トレーラーハウスの払い下げが決まったことを報告に行った私に、元漁師が見せた矜持である。一人では生きてゆけない現実と、それでも示したい自立の道である。「借金はしない。誰からも資金援助を受けない。その条件で、住宅再建が完了したときに支給される４５０万円の補助金は使わせてくれないか」との私からの提案に、困惑しながらも了承してくれたのだった。

「長洞さ足向けて寝られないな」と元漁師。「長洞さ来ればどっち向きに寝ても長洞さ足を向けるのス」と私。漫才のような会話で要件を済ませ、彼が入居したばかりの災害公営住宅を後にした。

一人ひとりにそれぞれの人生ドラマがある。幸せか不幸かもそれぞれの感じ方であろう。人と人とのつながりのその深さ広さもそれぞれである。自分には何ができるか、できると思うことを愚直に進む、そんな覚悟が過疎地域のコミュニティに求められている。誰かに何かをしてもらうのではなく、みんなのために誰かのために何ができるのか。子どもと高齢者の笑顔のための私の出番がそこにあったのである。*2

*2：村上誠二　2013年度版『あしたのまち・くらしづくり』（2013年11月25日。公益財団法人あしたの日本を創る協会編［あしたのまち・くらしづくり活動賞内閣総理大臣賞受賞論文］）に加筆。

2　復興協議の始動

1　復興懇談会が始まる

元気村での暮らしが始まり、やや落ち着きを取り戻すと、元気村の人々だけでなく集落の人々の関心は、住宅再建や漁業の再生、さらには集落全体をどのように復興していくかに移っていった。

以下に、復興の話し合いの場となり、9回にわたって開催された復興懇談会のように、並行して進められた市との折衝、そして高台移転事業の完成までのプロセスを紹介しよう。

懇談会は、元気村の集会所（談話室＝震災復興センターの20畳ほどの広間）が会場となり、夜6時半から8時頃まで開かれるのが通例であった。

第1回から第7回までは、おおむね月1回開催され、第7回から第8回の間は約1年のブランクがあった。このブランクは、「①防災集団移転促進事業（以下、防集事業と略）による宅地規模制限の100坪は、長洞のような漁村での暮らしの実態に見合わず、その制限の緩和が必要だ。②災害復興公営住宅は防集事業と一体で、その隣接地に設けるべきだ」とする集落側の意見と市役所との意見の違いが生み出したものだ。

この懇談会には、毎回市役所に対して事前に開催案内と出席要請をしていたにもかかわらず、延べ9回の懇談会のうち、第4回に副市長が単身参加したのみにとどまった。市内には被災した地区や集落が数多くあるので、その一つひとつには付き合えないとの判断なのであろう。それに引き換え、岩手県の大船渡支所の吉田壽仁課長（当時）は毎回出席された。復興まちづくりに対する陸前高田市と岩手県との違いを思い知らされたところだ。

市役所には各回の懇談会資料を事前に届けるだけでなく、随時元気村役員と私たちが市役所を訪れ、災害公営住宅や防集事業について相談をするとともに、必要に応じて長洞元気村協議会として市役所への要望書を提出してきた。

各回の懇談会の前には東京で復興まちづくり研究所のミーティングを開き、懇談会の資料づくりや運営についての協議をおこなってきた。さらに現地に赴いてからは、

写真2－8　集会所（震災復興センター）で始まった復興懇談会。

事前に元気村の村長戸羽貢さんと事務局長の村上誠二さんとの打ち合わせをおこない、懇談会終了後は、次の展開についての相談をすることが常であった。

2 第1回復興懇談会 ―― とまどいと先行きへの希望（2011年8月）

仮設暮らしにようやく慣れてきた2011年8月30日の夜、元気村の震災復興センターに20人を超える人々が集まった。この会は、長洞集落復興懇談会と名付けられ、その第1回だ。元気村の居住者や長洞部落会の役員が顔をそろえた。懇談会の会長は元気村村長の戸羽貢さん、事務局長は村上誠二さんが当たることになり、その運営を私たち復興まちづくり研究所が支援するという体制でスタートした。このような復興懇談会の開催は、当時極めて珍しいことだったようで、オブザーバーとしてマスコミ2社の記者も参加した。

この懇談会は、ボトムアップの計画づくりが狙いであった。そこでまず、集落としての長洞復興構想案を2012年1月ごろまでに作成し、それを陸前高田市に提案して、市の計画に反映してもらうことを目標に検討を進めることを確認した。

次いで、先進事例として、北海道南西沖地震での奥尻町、中越地震での山古志村の復興計画・事業の報告が復興まちづくり研究所からなされた。

さらに、お盆過ぎから実施された元気村居住者の住宅再建意向の聞き取り調査の結果が報告された。再建意向としては25世帯のうち12世帯が高台移転、6世帯が自力再建、4世帯が被災した場所での修復を希望し、転出、養護老人ホーム、未定が各1世帯であった。なお、この意向調査は、この後も繰り返されるが、全て元気村の事務局で実施されたものである。

また、高台移転候補地として、県道38号線の南側に1カ所、県道の北側に2カ所の計3カ所が提案された（図2－2）。県道の北側の集落の水源地に近い場所（A）は、市有地があるので選ばれたが、集落とはやや離れた場所にあり、集落との一体性に難がある、また、北側の県道沿いの場所（B）は傾斜がきついので難がある、ということで、海に近い県道の南側（C）が最もふさわしいのではないかと提案があった。

一通りの説明の後、質疑に移り、市や県がどこまで応援してくれるのか、高台移転する場合の宅地規模はどのくらいになるのか、その際の自己負担はどうなるのかなどに関する疑問が参加者から出されたが、国・県・市側での事業方針が定まっていないので、今後事態の進展を見守っていくことが確認された。

初めての懇談会なので、参加者にとまどいと、

図２－２　３カ所の移転候補地の比較表

検討項目＼候補地	A　市有地、水源タンク下	B　黄川田宅裏	C　海　側
1. 位置 2. 現況 ・杉林 ・国立公園（海） ・保安林 ・傾斜地 ・個人所有地	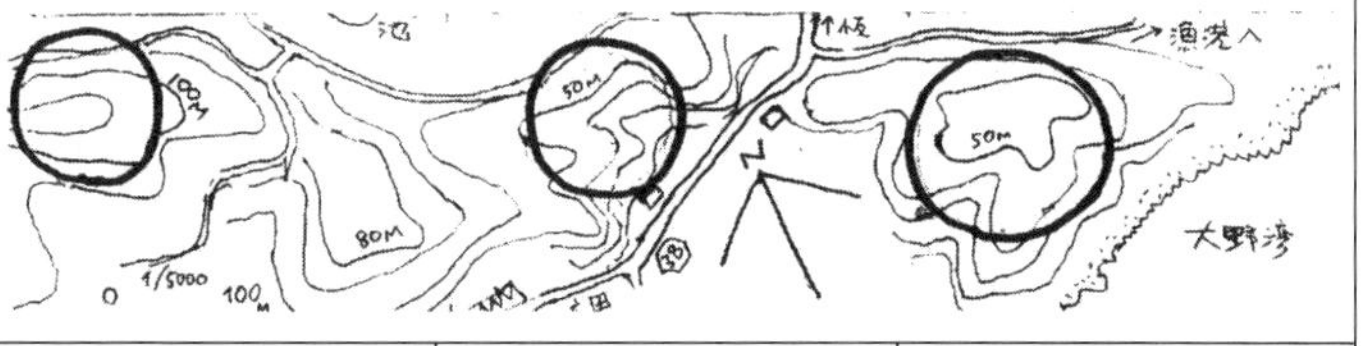		
3. 規模（宅地可能地）	・約2ha（不明）	・約2ha（不明）	・約3ha（不明）
4. 立地（位置）	・山中	・38号線に近い	・38号線の南、海に近い
5. アプローチ、道路状況	・長い、整備要す	・道路狭い、整備要す	・道路整備要す
6. 漁港、海との関係	・遠い、見えない	・車で行ける、見える	・車で行ける、見える
7. 敷地や進入路勾配	・きつい	・やや急	・うまく道路造成すれば可
8. 集落との距離	・やや孤立、遠い	・近	・近
9. 車の通行の安全	・急、狭い、暗い	・急、狭い	・造成次第
10. 方位	・南面の土地造りにくいか	・南斜面造成可	・南斜面造成可
11. 気象・北風	・北風ガードできるか不明	・北風ガード可	・北風ガード可
12. 津波の心配	・小	・小	・対策要
13. 周辺・景観	・やや閉ざされている	・南に海を見られる	・海とのつながり散歩道
14. 造成経費	・大	・中	・中
15. その他	・夜間の通行怖い	・38号線からの入り口部整備	・海とのつながりづくり（津波対策）
＊　総合評価	・　×	・　△	・　○

図2－3　復興懇談会開始を伝える新聞記事（盛岡タイムス 2011年9月11日）

先行きに対する希望がないまぜになった会合となった。終了後もしばらく歓談が続いた。

3 他地域の復興に学ぶ（２０１１年９月）

第1回の懇談会の後、北海道奥尻町の復興を自らの目で確かめようと、元気村有志だけで9月24日から４日間奥尻町に出向いた。元気村村長・戸羽貢さん、事務局長・村上誠二さん、金野義雄さん、村上森二さんの４人である。東日本大震災直後でもあり、その頃、行政関係者や議員などの視察が相次いでいたそうだが、被災住民が自ら学びに来たということで、奥尻町では新村卓実町長、竹田彰総務課長らの手厚いもてなしを受け、復興現場の案内や復興への取り組みの貴重なアドバイスをもらうことになった。後述する中越地震の被災地の復興状況視察も同様の趣旨で実施された。

4 第２回復興懇談会——大まかな方針を考える（２０１１年10月）

10月2日、第2回復興懇談会が開かれた。最初に奥尻視察報告がなされ、現場を見ることの重要性や、復興は長期化するので腹を据えて取りかかるべきだ、役所と協調していくべきだなどのアドバイスを受けたことが話された。

次いで、集落復興の大まかな方針案として、①津波危険区域（海抜20メートル以下）には、基本的に居住施設は建設しない、②緊急避難路をしっかりつくる（3本以上、幅

写真2-9　奥尻島の復興について視察する長洞元気村のリーダーたち。（2011年9月）

員を広く)、③大きな工事、土地の造成を極力少なくする、④漁業施設、農業施設、農地等の再建整備をする、⑤集落内施設の整備をする（新公民館、散策路、展望地など)、⑥残った集落施設をできるだけ活用・再利用する、⑦小友町、陸前高田市等と連携・共働する、が提案された。

また、土地利用方針としての①居住環境整備ゾーン（上組に相当、県道沿い)、②新生活活性化ゾーン（下組に相当、市道沿い)、③漁業再生ゾーン（海岸沿い)、の3つのゾーンに分けることが提案された（図2－4)。

これらの大まかな方針案については、特に異論は出ず、散会した。

5 第3回復興懇談会 —— 分散型高台移転方針の提案（2011年11月）

第3回懇談会は、11月13日に開かれた。10月末に、東日本大震災の復興に向けた一連の法律案と第3次の補正予算案が閣議決定されたことにより、ようやく国の復興への取り組み姿勢が明らかになってきたことを受けて、そのポイントがまず説明された。さらに陸前

図2－4　土地利用方針図

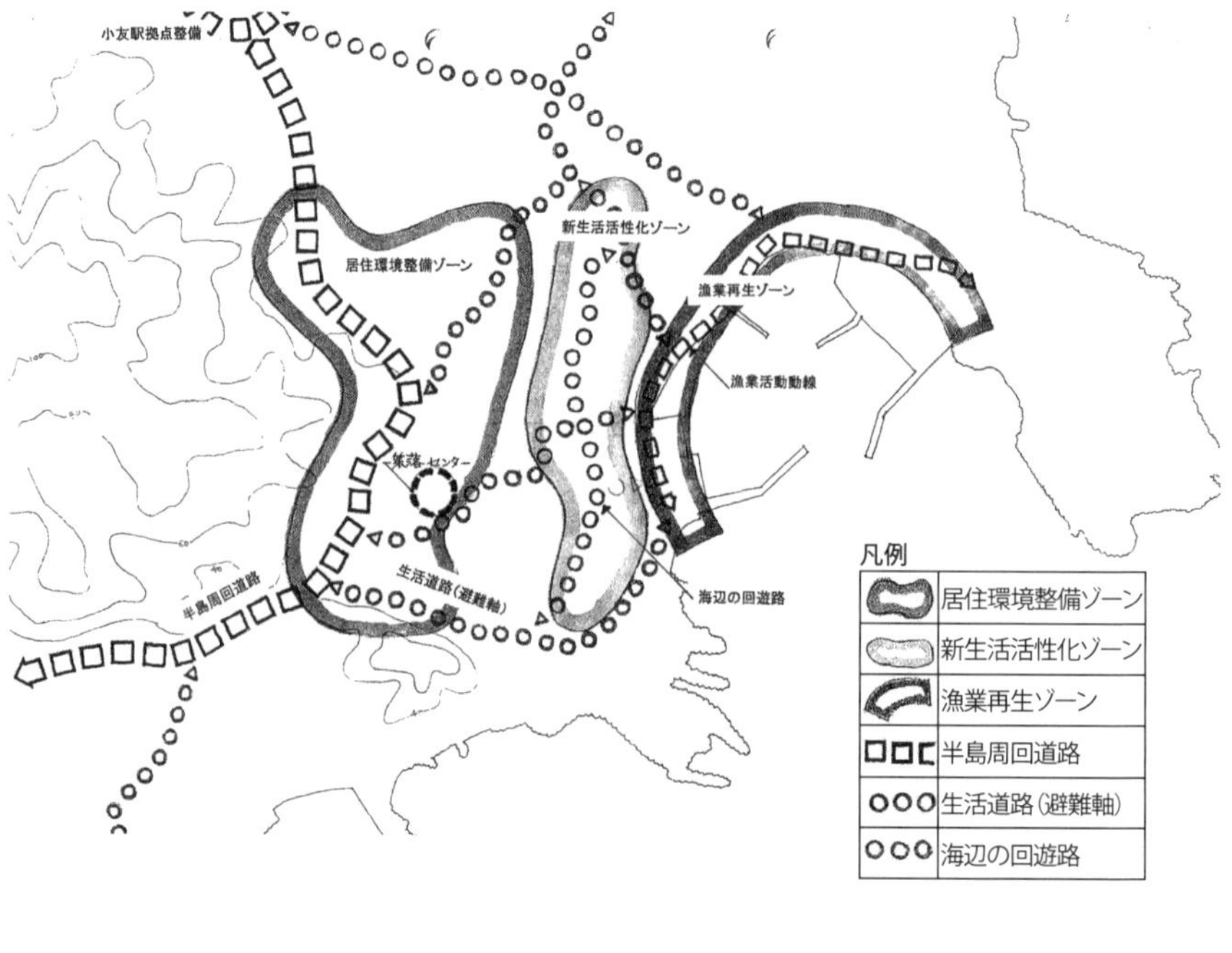

高田市の復興計画策定の進捗状況と、県道南側の高台移転候補地の地権者の意向が肯定的であることが報告された。

次いで、土地利用構想として、各戸の被災状況と高台移転用地の条件等を踏まえた、より詳細な構想案（図2－5）が提示された。それは、高台に位置する集落内の空閑地に分散的に移転用地を確保するという、いわば分散型高台移転方式といえるもので、それによって集落内での家並みの連続性を生み出すという考え方であった。

最後に防集事業の供給宅地標準の1戸当たり100坪（約330平方メートル）を超える要求を実現するための住宅敷地の取り方の検討案が報告された。

6　第４回復興懇談会 ―― 災害公営住宅希望の増加（2011年12月）

第４回懇談会は、年末の12月17日に開かれた。これまでの懇談会では長洞集落からの要請を受けて毎回岩手県土木センター大船渡支所の課長が出席していたが、

図２－５　土地利用構想図

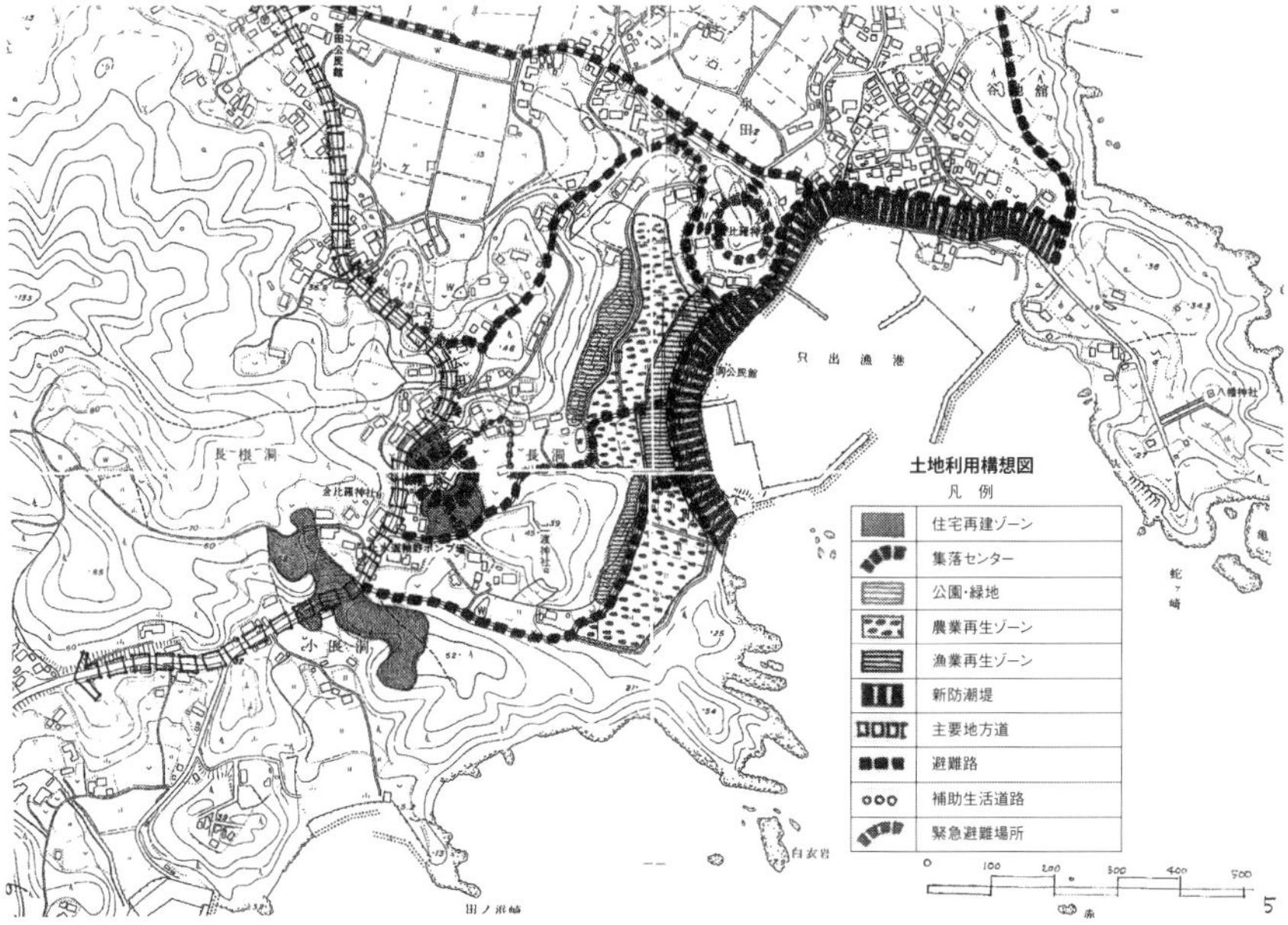

市役所に対しても毎回出席要請をしていたにもかかわらず欠席だったのに、この回初めて陸前高田市の若い久保田崇副市長（当時）が単身で出席した。

この懇談会の直前の12月12〜14日に、第1回懇談会で紹介のあった中越地震の被災状況視察を元気村の役員5名がおこなったので、その報告が最初にあった。地域特性に合った木造の2戸1棟型の災害公営住宅、*3 復興基金を活用した地域再生の工夫、女性たちによる復興食堂づくりが印象深かったことなどが話された。

次いで、住宅再建に関する2回目の個別意向調査の結果が報告され、前回調査では災害公営住宅への入居を希望する世帯が皆無であったのに、6世帯に増えたことなどが報告された。この意向調査結果を踏まえると、新規に高台に造成する宅地の必要面積は、約3000坪になるという試算も示された。

質疑では、副市長が出席していたので、移転跡地の買い取りがどうなるのか、公営住宅はどんなイメージになるのかが問われた。それに対して副市長から、移転跡地は買い取るが、買取額は国が検討中で未定であること、公営住宅については、陸前高田市全体で必要戸数が約1000戸になる見込みなので、用地確保の困難性などを考慮すると中高層の集合住宅型にならざるを得ない、と答えられた。それに対して、陸前高田市街地に設ける公営住宅は中高層型になるのはやむを得ないとしても、長洞のような漁村地域では、木造低層型がふさわしいのではないかと復興まちづくり研究所側で主張した。

最後に、市への長洞復興計画（高台移転）要望書案が提案され、年末までに提出することが確認された。その要望書の骨子は、①分散型高台移転方式での防集事業の実

＊3：戸建ての災害公営住宅は、公営住宅法では耐用年限の4分の1を経過していることが払い下げの要件となっている。しかし、東日本大震災復興特別区域法によって復興推進計画に定められた災害公営住宅（長洞などに想定されたものが該当する）については、耐用年限の6分の1を経過していればよいと要件緩和がなされている。したがって木造では、建設から5年経過し、設置自治体（ここでは陸前高田市）が公営住宅として維持管理する必要がなくなった場合、時価で払い下げることができる。

現を図ること、②住宅再建への資金援助をすること、③避難路と生活道路の整備を図ること、④地域コミュニティの維持・強化のために公民館等を設置すること、⑤専門家派遣への支援をすること、であった。この要望書は12月27日に市に提出された。

住宅再建意向で災害公営住宅希望が増加したことは、被災者の生活再建の見通しの暗さを表しているので、参加者それぞれが重い気持ちで散会することになった。

なお、復興懇談会は合計9回開かれたが、市役所の関係者が出席したのはこの1回にとどまった。

7　第5回復興懇談会 —— 高台移転は県道の南側に（2012年2月）

第5回懇談会は、年明けの2月4日に開かれた。前回の懇談会以降、高台移転候補地の地権者の意向、場所ごとの風力などの自然条件を踏まえ、さらに、集落内に散在する空閑地は、普段は空いているように見えても、長期的にはその周辺の人たちにとって他に代えがたい意味のあるスペースであることなどが分かってきたことから、分散型移転方式は障害が多いと判断されてきた。そのため、高台移転候補地は、第1回懇談会で最もふさわしいとされた県道の南側に絞られてきた。そこで、この懇談会では、そこに移転対象地を絞った上での新しい村づくりのための「宅地造成方針」の6項目が提案された。

それは、①今ある現集落と近いこと、また、その施設が使えることを条件に「新しい村」をつくる、②経済性・景観に配慮して盛土・切土工事の量をできるだけ少なくする、③海岸部、低地部とのつながりをしっかりつくり、避難場所、避難路を確保する、④上下水道、道路整備を効率的にするため、コンパクトな、まとまった街区をつくる、⑤海風・防風・海が見えるなど新しい風景づくりを進め、快適環境をつくり出す、⑥住み手の参加、将来の新しい夢（新エネルギーや観光）を実現するためにみんなで知恵を出す、であった。

次いで、海の暮らしを再生し、活力を取り戻すためにどうするかが話し合われ、始動し始めた「なでしこ会」の活動は実験段階ではあるが、これを身の丈に合った事業に結び付けていくのがよいのではないか、といったことが話された。

8 第6回復興懇談会――災害公営住宅の集落内建設を（2012年3月）

第6回懇談会は、3月2日に開かれた。これまでの陸前高田市との事前協議の中で、①災害公営住宅の集落内建設、②防集宅地の100坪制限緩和、が最大の問題であることが次第に明らかになってきていた。

この回では、災害公営住宅問題についての市と集落の考え方の違いが論議された。災害公営住宅について市が危惧していることは、①木造戸建と中高層住宅では不公平感が生まれかねない、なぜ長洞だけが木造なのかの疑問に答えられない、②分散立地による管理上の支障がある。集中管理の方が合理的・経済的である、③計画・事業上の労力が必要だ。計画・事業の管理スタッフが手薄で、まとめた方が対応しやすい、といったあたりだろう。それに対して長洞集落の立場と主張すべきことは、①コミュニティを分断させない。一緒に住むことが大切で、相互扶助ができ、海の仕事ができるので年金と若干の収入で暮らせる、②戸建てにはこだわらない。２戸１棟方式や長屋建てでもよい、③市の負担を少なくできる。孤独死の排除が可能で、介護の費用が少なくなる。家賃は若干高くしても受け入れることができる。指定管理者制度を活用した地域管理方式を検討したい、と整理されるのではないか。といったことが話し合われた。

さらに、長洞集落の住宅再建に向けた提案書（案）が示された。その骨子は、①現在の仮設住宅地の跡に災害公営住宅５戸と公民館を配置する、②県道南側の高台に防集事業として13戸の住宅と公園用地を配置し、宅地は将来の拡張を許容する形態とする、というもので、防集事業の１００坪制限緩和に結びつける提案であった。

9　新しい村づくりを考える未来会議（２０１２年４月）

復興懇談会が６回を数え、なでしこ会の活動も少しずつ軌道に乗り始めた４月初旬、元気村協議会となでしこ会の合同会議を持とうということになった。未来に向けた新しい長洞づくりを考えてみようとの狙いからである。その会合は、後に「長洞集落未来会議」と呼ばれることになる。

復興まちづくり研究所の原が事前に模造紙に描いた「新しい長洞づくりダイヤグラム」（図２-６）を囲んで話し合いが進められた。そのダイヤグラムの中央には「新しい長洞づくり」と記され、外周に「地震・津波を伝えていく」「住宅・村をしっかり

写真２-10　長洞集落未来会議。

つくる」「新しい仕事をつくり出す」「海産物の商品化・販売」「漁業をしっかり再生する」「将来の計画をつくる」との言葉があたかも曼荼羅のように並んでいた。

この未来会議では、「被災体験を伝えるため語り部をやろう」「ワカメの芯抜きの体験学習や民泊による都市と漁村の交流を進めよう」「年間の収獲物の時期を考えて提供する産直・通販がやれないか、それには漁協との調整も必要だ、また加工場も必要になる」「避難路・復興住宅をちゃんと整備したい」「子ども参加の集落の将来計画をつくりたい」などと活発な話し合いが進められた。住宅再建の話題に傾きがちな復興懇談会と違い、集落づくりの幅広い課題や夢が語られていった。

この第1回未来会議の話し合いが、その後のなでしこ会による都市住民との交流活動、語り部活動、元気便の通販事業、「なでしこ工房&番屋」の自力建設に結びついていった。

この未来会議の1カ月後には、元気村の敷地

図2−6　長洞未来会議—長洞づくりダイヤグラム

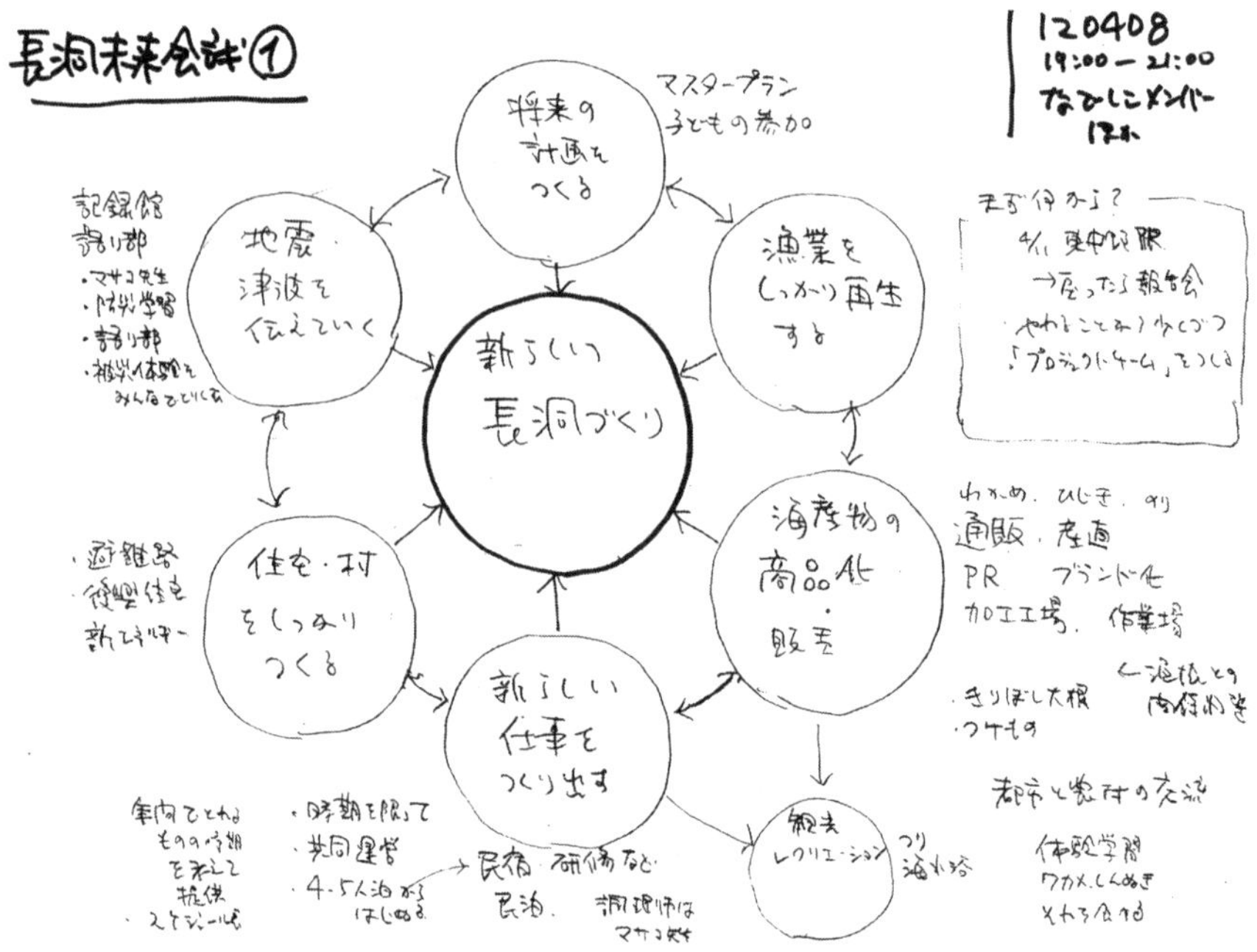

の一郭に、東京の安仲卓二[*4]さんから寄贈されたアフガニスタン製のパオが完成した。このパオは真ん中に囲炉裏が設けられ、小集会にはうってつけの場所になり、集会所でのさまざまな活動を補完する元気村の新しいシンボルとなった。

10 市役所との相談・協議の本格化（２０１２年４月～）

市役所との相談・協議が本格化したのは２０１２年３月の第６回復興懇談会の後のことである。４月初旬に市復興局と面談し、「長洞では独自の高台移転希望者リストができている。検討中の計画のポイントは、①高台移転地に災害公営住宅を併設したい、②高台移転地で自力再建する宅地は１００坪以上に広げられるようにしたい[*5]、の２点。なるべく早期に高台移転希望者名簿と計画図案を添付した高台移転要望書を市に提出したい。計画図案を市の事業計画案に反映させていただきたいので、市と十分調整させてほしい」と申し入れた。これに対して市は、「計画図案ができたら、見せてもらって必要な調整をしたい」とのことであった。

５月初旬、私たちから市に災害公営住宅と防集事業に関する質問書を提出、５月中旬に市から回答があった。その内容は、「災害公営住宅については具体的なことは決まっていない。防集事業での宅地の１００坪制限の緩和はできない」とするものであった。

市から回答のあったほぼ同時期の５月17日に、長洞地区集団移転協議会名で19世帯の高台移転者名簿、付帯要望書を添付した早期高台住宅地整備の要望書が市に提出さ

*4：東京・東中野でアフガニスタン料理やアフガン絨毯を商うパオという店を経営。

写真２-11　元気村に建てられたパオ。

*5：１００坪というと、市街地では大きめの敷地であろうが、長洞などの場合、作業場、漁具置場などが不可欠であり、手狭である。

れた。名簿は、災害公営住宅4世帯、自力再建住宅15世帯で、自力再建住宅については100坪〜300坪の希望宅地面積が付記されたものである。付帯要望書には、高台住宅地整備に当たりコミュニティ維持を図ってもらいたいこと、地域性を踏まえて高台住宅地と一体の災害公営住宅を建設してもらいたいことが明記されていた。

11 第7回復興懇談会——市からの回答報告（2012年5月）

第7回懇談会は、前回から2カ月半経過した5月21日に開かれた。この回では前回の懇談会以降、陸前高田市への質疑応答の結果報告が中心の話題となった。

災害公営住宅についての市の建設課の回答は、鉄筋コンクリート造（RC造）で中高層型を基本に検討を進めていること、地域要望やコミュニティ形成にも配慮しながら、地域性も踏まえた整備を図っていく、というもの。つまり中高層型を基本にするが、具体的なことは決まっていないとするものであった。

高台移転についての市の復興対策局の回答は、防集事業の中に災害公営住宅を位置付けることは可能である。土地造成の範囲は、住宅団地移転戸数×660平方メートル＋公営住宅用地までである（防集宅地は330平方メートル［100坪］／戸までで、他の330平方メートルには道路・公園等の公共施設分に充当するという意味）。上水道は防集事業で市が整備するが、下水道は個人負担で浄化槽を設置してもらう、というもの。つまり、防集事業では供給宅地規模の100坪制限は緩和できないとするものであった。

写真2-12　パオで作業するなでしこ会の皆さん。

3　陸前高田市との復興を巡る折衝

第７回以降、復興懇談会は、１年以上にわたって開催されなかった。この間に長洞側と市役所との防集事業計画等について以下のようなキャッチボールが重ねられた。

1　長洞地区からの高台移転計画案の提案（２０１２年６月）

６月７日に私たちから市に高台移転計画案を提出した（図２-７）。それはループ型道路計画で、将来の宅地拡張の可能性を残すための外周に自力再建住宅の９宅地を、ループ道路の内側に災害公営住宅５宅地と小公園、地区集会所などを配置したもので、土地所有並びに保安林の境界に配慮したものであった。

この計画案について、６月12日に市から回答があり、①災害公営住宅の建設場所は決まっていない、②計画案の造成面積は補助要件に照らすと過大であり、縮小する必要がある、③敷地面積の拡大希望については検討が必要である、などが示された。

2　要望書に対する市からの回答がきた（２０１２年６月）

長洞から５月17日に提出した要望書に対する回答が６月29日に市から寄せられた。それは、陸前高田市の災害公営住宅は市の中心部等を優先して整備し、一定の整備が

図２−７　長洞側から提案した移転計画案

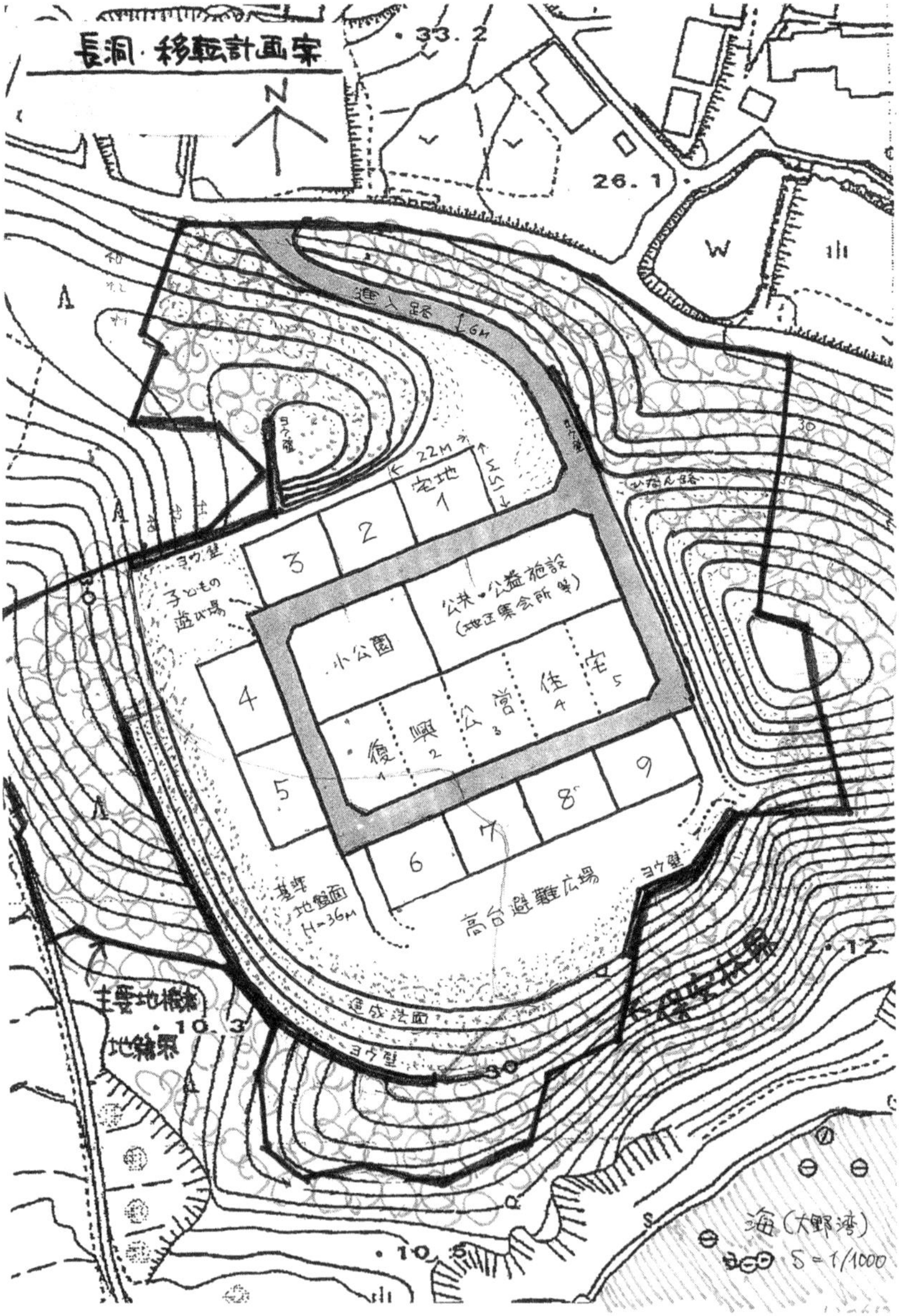

災害復興公営住宅（木造低層）や小公園、公共施設の用地を中心に配置し、戸建ての防集宅地は、将来周囲に、１戸当たり100坪の基準を超えた敷地の拡大ができるよう考えられた。たとえば福島県での防集事業では、一部に同様の配慮がなされている。

完了した後に、地域の要望を踏まえて防集事業区域内またはその隣接地などにきめ細かく災害公営住宅を整備していくというものであった。要するに、まだ漁村部の災害公営住宅建設の方針は決まっておらず、漁村部である長洞は後回しだと読み取れる内容であった。

3　副市長等との折衝（2012年8月）

８月９日、陸前高田市の副市長に再度面談を申し入れた。副市長は「長洞に災害公営住宅を建てると決めたわけではない。長洞のように結束の強い地区に防集団地と災害公営住宅を一体的につくると、仮に入居者が死亡して空き家になった場合、他地区の人が入居しづらくなるのではないか」という。それに対して私たちからは「防集団地を担当している復興局と災害公営住宅を担当している建設部がバラバラに集落の住宅再建に取り組むのではなく、一体になってやるべきではないか」「災害公営住宅はいずれ入居者また集落に払い下げをすれば問題はない」「防集団地と災害公営住宅を一体にすれば、集落の相互扶助が作用するので有効だ」と主張したが、話し合いは平行線のまま終わった。

その後、市の建設部に回ったところ、「明日、長洞に出向き、高台移転計画図案を持参し説明する。その後、移転者全員への個別説明をおこない、合意を得た上で測量に入りたい。長洞を含めて市内の防集事業計画地の全てで10月～11月までに同意を取り付けたい」、さらに「市の建設部で災害公営住宅の建設基準として、①災害公営住宅は10戸以上のまとまりで建設する、②災害公営住宅は防集団地以外に建設する、の2点を決めた。そのため、アクセスの良い県道などの幹線道路沿いに用地を選定する」とのことであった。

4 市からの防集団地計画案の提示（2012年8月）

8月10日夜、長洞元気村の集会所（震災復興センター）に陸前高田市の職員4名が来訪。長洞側では元気村村長の戸羽貢さん、事務局長の村上誠二さんと、復興まちづくり研究所の濱田、原の計4名が対応した。

市側から11宅地と集会所用地を配置した3タイプの計画図を提示。ループ型2タイプと突込型1タイプであった。ループ型の計画図は、先に長洞側から提案したものに類似していた。計画図について一通りの説明の後、災害公営住宅を長洞にもつくりたいと考えているが、高台計画地ではなく、県道沿いの用地を別途検討しているとのこと。

これに対して長洞側は、市の努力への謝意を述べた後、「この計画図を元気村の被災者に見せるわけにいかない。これでは自力再建できない災害公営住宅入居希望者はバラバラにされると受け止めることになる。災害公営住宅が空き家になった場合のことを市が心配しているが、その場合は集落に払い下げてもらって、集落で民宿などとして運営することも考えられる」などと発言した。

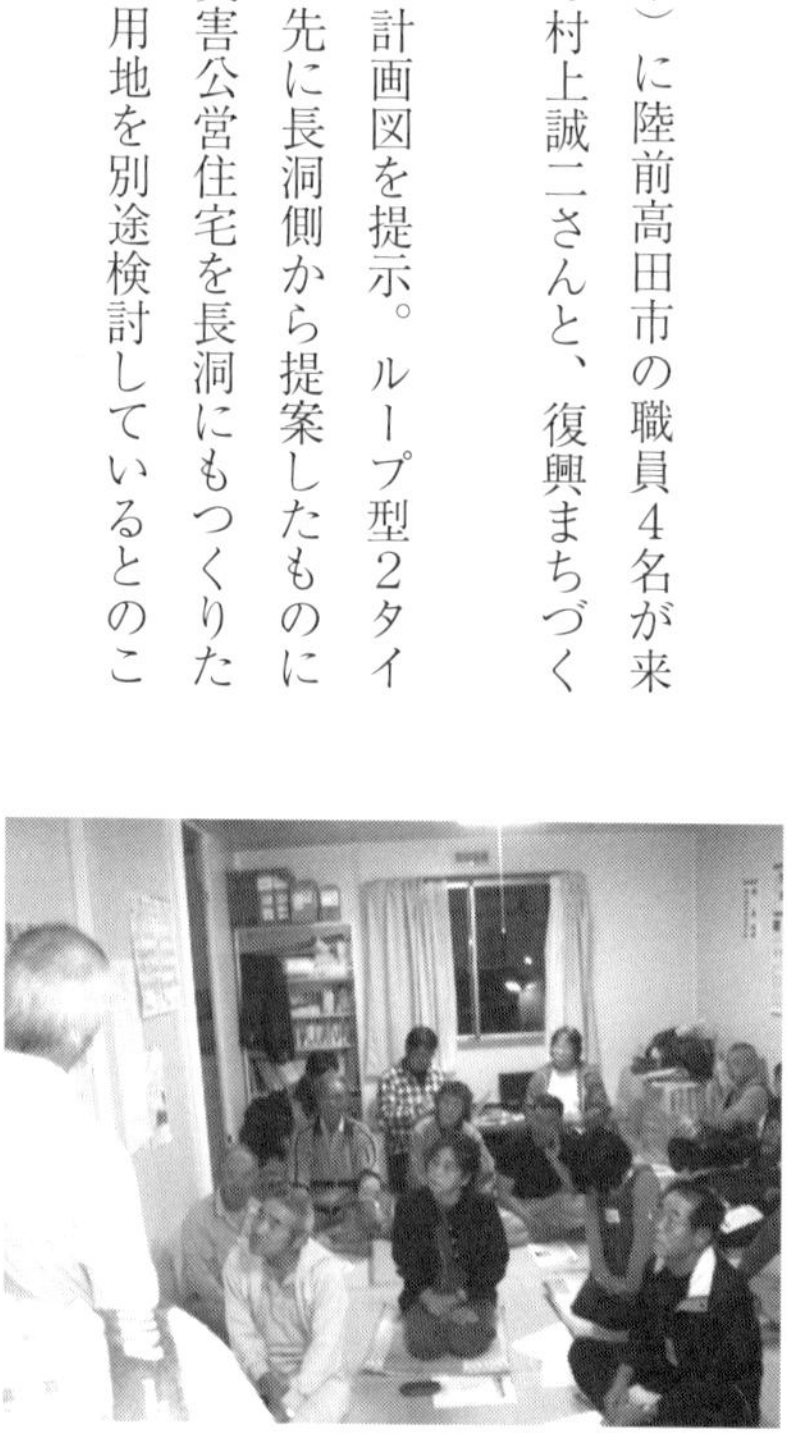

写真2-13　元気村集会所（災害復興センター）での復興懇談会。

5 長洞に災害公営住宅を建てると市が提案（２０１２年９月）

それから1カ月程たった9月19日、今度は市役所に元気村役員2名が呼び出された。市役所側は市の幹部他の４名が出席。市からは、「現在の仮設住宅の駐車場（約３００坪）にＲＣ造（鉄筋コンクリート造）２階建の災害公営住宅10戸を建てたいがどうか」と発言があった。駐車場の地権者とは交渉済みで、地権者も了承している。市としては災害公営住宅建設においては住民合意を前提に考えないとのこと。この提案は、災害公営住宅への集落内の入居希望者を上回り、他地区から5世帯を新たに受け入れることを意味している。これに対して元気村側は、持ち帰って全戸集会で協議した上で改めて返答すると答えて話し合いは終了した。

元気村は、この提案に対して困惑することになった。

長洞での災害公営住宅は、戸建公営住宅10戸の建設は集落の人口増につながるので望ましい。しかし、ＲＣ造公営住宅は、戸建公営住宅と比べると定住率が高くなく、空き家が発生する可能性があること、ＲＣ造では将来の払い下げが困難になること、さらにはコミュニティのまとまりに齟齬を来しかねないこと、などの思いが去来し、元気村からの回答は保留したままとなった。

6 広田町からの要望書提出と市の拒否回答（２０１２年10月）

この頃、広田町の各集落に対しても個別に災害公営住宅の建設方針が市から示されていた。この動きを受けて広田地区高台集団移転協議会名で、10月3日に広田地区災害公営住宅建設にかかる要望書を市に提出した。その骨子は、「①災害公営住宅は集落ごとにそれぞれの必要戸数を建設すること、②災害公営住宅は将来の払い下げによって市の財政負担を低減できる木造戸建とすべきこと、③災害公営住宅の建設はコミュニティ継続の観点から住民合意を優先すべきこと」の3点であった。

協議会の人たちがこの要望書を持参し、市長と面談したところ（図2－8）、市長からは「1戸建て、2戸1棟型も減価償却をした分の払い下げとなれば、5年経過時点で1000万円以上が見込まれる。家を建てられないという住民の方が払い下げを受ける資力があるのか。市の考え方はRC造の災害公営住宅建設であり、戸建に公営住宅は認められない」と実質的な拒否回答であった。

7 元気村から第2弾の要望書提出と市の拒否回答（2012年10月）

その約1週間後の10月9日、長洞地区高台集団移転協議会名で「災害公営住宅建設要望に関わる回答のお願い」を市に提出した。それは、地区の特性に合った低層・木造の災害公営住宅をつくってほしい、との前提で、①市街地との平等性・公平性の観点から戸建ての災害公営住宅を建設しないのか、②長洞で要望している戸建木造5戸の災害公営住宅でなく、RC造10戸以上のものしか建設しないのか、などというもので、期限つきでの回答を求めていた。

これに対して10月22日、市から文書回答があった。効率的な敷地利用を図り、有効

図2－8　広田地区の協議会と市との交渉を伝える新聞記事

（東海新報 2012年10月4日）

報　第16471号　平成24年(2012年)10月4日(木曜日)　日刊(月曜日休刊)　(2)

公営住宅整備で要望

広田地区高台集団移転協議会

陸前高田市

陸前高田市の広田地区高台集団移転協議会（佐藤武会長）は3日、市に対して災害公営住宅建設に関する要望書を提出した。集落ごとの建設や、木造戸建て型の導入などを求めている。

災害公営住宅の戸建て整備などを要望＝陸前高田市

要望書提出は市役所で行われ、同会から佐藤会長ほか5人が訪問。市側では戸羽太市長のほか、担当部局長らが対応した。

要望事項は▽広田地区災害公営住宅の建設は、それぞれの集落ごとに必要戸数を建設する▽将来の維持管理経費を含めた総合的な判断から木造戸建てで建設する▽建設を行う場合は、住民合意を優先する――の3項目。同会では市復興対策局による各地区説明会が一巡したことから、協議状況をふまえて要望をまとめた。

同会のまとめによると、地区内の災害公営住宅希望は泊地区が10戸、中沢地区が3戸、久保地区1戸、長洞地区5戸、田谷地区12戸、六ヶ浦地区1戸、大野地区7戸の計39戸。この規模の戸数であれば「地権者に再交渉し、土地を確保できる見通し」としている。

また、市が掲げる鉄筋コンクリート造による中高層型の集合住宅に関し、完成後の維持管理費や安全管理の問題を指摘。払い下げなどができることから木造戸建てや2戸1棟型の整備を望むほか、コミュニティー維持の重要性も強調している。

佐藤会長は「将来的に空き家になった場合、管理や財政面でマイナス面が出てくる。木造戸建てであれば、メリットが多いのでは。住民の思いをくみ入れて再検討を」などと語り、理解を求めた。

戸羽市長は「地区に1戸というのは、公営住宅の本来の考え方とは大きくかけ離れていると言わざるを得ない。1戸建て、2戸1棟も減価償却をした分の払い下げとなれば、5年経過時点でも1000万円以上が見込まれる。家を建てられないという住民の方々を考え、公営住宅整備を進めている」とし、慎重姿勢を示した。

陸前高田市は市内各地で計1000戸の災害公営住宅整備を計画し、このうち広田地区では60戸としている。現段階では、長洞地区など3カ所での整備に向け検討・協議を進めているという。

な戸数を確保するため、10戸以上を最小単位としてRC造中高層で集合住宅形式の災害公営住宅を建設するという、長洞側の要望を全否定したものであった。

8 災害公営住宅希望者の気持ちのゆらぎ（2012年11月～）

その後しばらく元気村と市との折衝は休止状態となる。市の災害公営住宅の方針が変わりそうにないので、災害公営住宅を希望していた人もやむを得ず自力建設の防集希望にシフトする人が出始めた。家族でなんとかやりくりをして自力再建の費用に目途を付け、集落で気心の知れたみんなと暮らしたいとの思いからだ。また、被災した家屋を修理して住み始める人、集落内の高台の空地を独自に確保して自力再建を始める人も出始めた。11月末の段階では防集希望者14世帯、災害公営住宅希望者3世帯へと変化していった。

長洞での防集希望者、災害公営住宅希望者の数の変化は、市役所にも届けられ、それを受けて市から12月18日に新しい防集計画図が示された。それは14宅地と集会所および緑地を配置したものであった。

年明けの２０１３年2月末、復興まちづくり研究所の私たちが市の建設課の幹部に接触したところ、「市から9月に長洞に対して災害公営住宅の提案をしたのに、地元から返答がないのでストップしたままだ、これ以上、長洞に妙な入れ知恵をしないでくれ」とのこと。市は集落に寄り添って努力するという姿勢がないのか、この発言には唖然とするしかなかった。そこで、長洞側は、あくまで戸建木造タイプを希望していると伝え、物別れとなった。

9 地域再生を見通す第2回未来会議（2013年2月）

２０１３年2月24日、ほぼ10カ月ぶりに長洞元気村協議会となでしこ会合同の第2回長洞未来会議が開かれた。この頃には、長洞元気村協議会となでしこ会が被災地交流ツアーを順調に受け入れ始め、各地のイベントにも出店するようになり、通販事業「長洞元気便」の初めての発送も間近になっていた。

この会議は、①全体（元気村、長洞、広田町、陸前高田市）を視野に入れ、②（防集事業や元気村の撤収、番屋建設などの）個別の事業を動かし、③漁村（長洞）と都市（東京）の交流を本格的にスタートさせ、④村起こし・地域再生を進めていく、ことをテーマとするものであった。

そこでは、計画の準備を始めたなでしこ工房には、集会所、食堂、多目的室、販売コーナー、青空市などを兼ねた機能を備えたい、との意見が出された。さらに、発信用のパンフレットをつくろう、パオやテントを使って宿泊してもらい、食事は、なでしこ会が提供する宿泊ツアーを工夫しよう、散歩コース・海に出る体験コースなどもつくりたい、新たな商品開発も必要だ、さらに生きがい・社会とのつながり・居場所づくりにもなる「好齢ビジネス」を始めたい、そのための運営主体をしっかりつくる必要がある、などと活発な話し合いが続けられた。

一方で、間もなく始まる元気便の会員は、今年は50人を上限にしよう、被災地体験

写真2-14　被災地ツアー　語り部の話を聞く。（2012年7月）

写真2-15　被災地ツアー　柚餅子づくり体験。

ツアーの受け入れは月2回を限度にしよう、などと、なでしこ会側の受け入れ能力に配慮した現実的な意見も出された。さらに、元気村や長洞集落の行く末を考え、10年後をイメージすることが必要で、それを具体化する「ゆるやかなプログラム」をつくっていく必要性が確認された。

この第2回の長洞未来会議は、第1回と同様、長洞の将来を見据えて、視野を広げつつ、足元を固める議論がなされた。

10 集落マスタープランの提案が空振りに（2013年4月）

住宅再建についてのすっきりとした解が見いだせないまま時間が経過していったが、住宅再建だけでなく、その他の課題も手つかずのままになっていた。移転跡地を含めた低地の土地利用、防潮堤のあり方、避難路整備など、集落全体の空間構造をどう立て直していくか、あるいは集落のまとまりをどう回復していくかというハード・ソフト両面での課題に向き合う集落復興マスタープランが必要ではないか。

特に、低地の土地利用については、漁港とその周辺の水産加工施設の配置など、きめ細かい検討が必要になるので、私たち復興まちづくり研究所の理事の富田宏（㈱漁村計画代表）と相談

写真2－16　ハーバード・ビジネススクールの被災地ツアー。（2013年1月）

してテーマを煮詰めていった。

その考え方をまとめた企画書を２０１３年４月末に市に持参した。対応に当たった副市長は、「移転跡地を含めた低地土地利用の検討は、全市を対象として取り組み始めている。集落ごとのソフト面の課題検討は、他集落から要請がないので、当面は実施予定はない」と、つれない返事であった。どうやら、集落復興マスタープラン作成に積極的に取り組む考え方が市にはないようだ。余裕がないのだろうか。

11 長洞に災害公営住宅をつくらず、防集事業のスタート

２０１３年４月25日、市役所から元気村役員に呼び出しがあった。「長洞の公営住宅希望者が少なくなったので、長洞には公営住宅を建てないことにした。長洞の入居希望者は、隣接の小友町に建設を予定している公営住宅30戸を40戸に変更するので、そこに移ってもらいたい」とのことであった。これは市の最後通告であった。

長洞元気村に帰り、以下のような協議をおこなった。つまり、市のこの通告は受け止めざるをえないだろう。この

図２−９　最終的な防集計画図

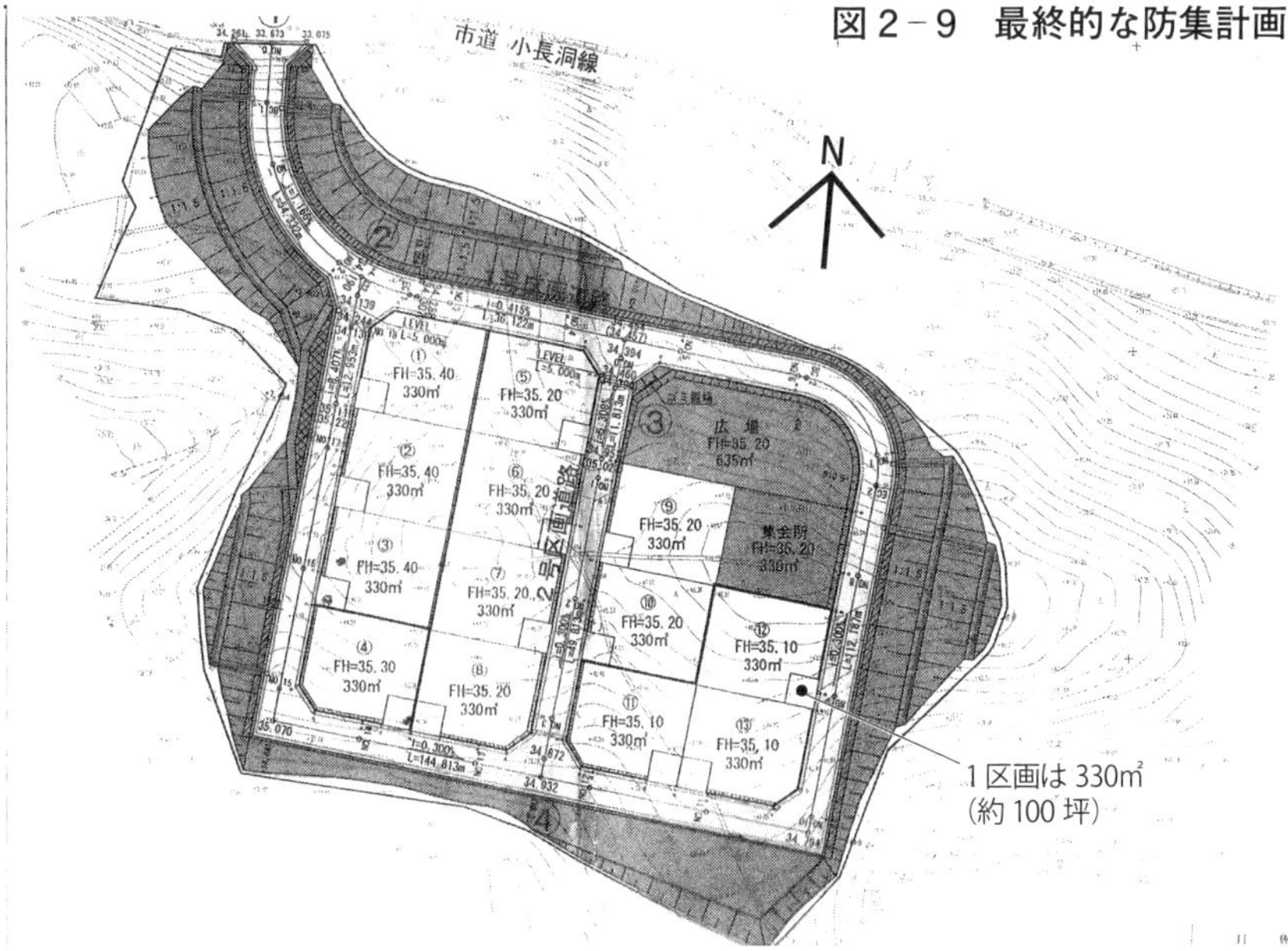

段階での防集希望者は13世帯、公営住宅希望者は1世帯のみとなっていた。市には防集希望者13世帯と集会所1カ所と申請し、工事が完成してから、集会所用地を宅地に切り替えてもらって、公営住宅希望者用に「長洞村立準公営住宅」として低価格の住宅を建設する。そのため、住田町の木造仮設か、長洞元気村の12坪の集会所（談話室）を払い下げてもらい、それをベースに再築する可能性を追求しよう、ということになった。

これで、ようやく防集の入居世帯数13戸が定まり、それを市に伝えて防集の事業計画が修正された。

２０１３年7月12日に、防集事業の宅造についての施工業者が入札で決定した。

4 復興懇談会の再開

1 第8回復興懇談会——防集事業が決定（２０１３年7月）

こうした状況を受けて急きょ、第8回懇談会が7月20日に開かれた。前回の懇談会から1年2カ月が経過していた。懇談会では、7月12日に防集事業の工事業者が決定し、工事期間は３０３日間で、２０１４年5月23日が工事完了の予定であることがまず報告された。ようやくここまできたかと、参加者一同安堵の表情を浮かべた。

防集事業が固まったものの、集落復興にはまだ多くの課題が残されている。それは、

①防潮堤整備への集落としての考え方を明確にすること、②防集団地での具体的な宅地の位置決めが必要なこと、③元気村跡地に自力再建を予定している人への適切な対応を図ること、④「なでしこ工房&番屋」建設への資金不足への対応をどう図るか、⑤集落全体での情報共有の必要性、などであり、それらへの対応策の検討がおこなわれた。

最後に、宅地の位置決めをする懇談会を８月に開催すること、住宅建設についての個別相談会を実施することを決めて散会した。

2　第９回復興懇談会――宅地の位置決めなど（２０１３年８月）

第９回懇談会は、８月10日に開かれた。高台移転希望の13世帯全てと部落会長が集まった。市から提供された大きな計画図を囲んで話し合いが始まった。皆さん何となくうれしげな顔だ。

まず最初に、宅地の位置決めに当たって基本となるルールが提案された。それは、①家並みに変

図２－10　長洞集落復興の概要図

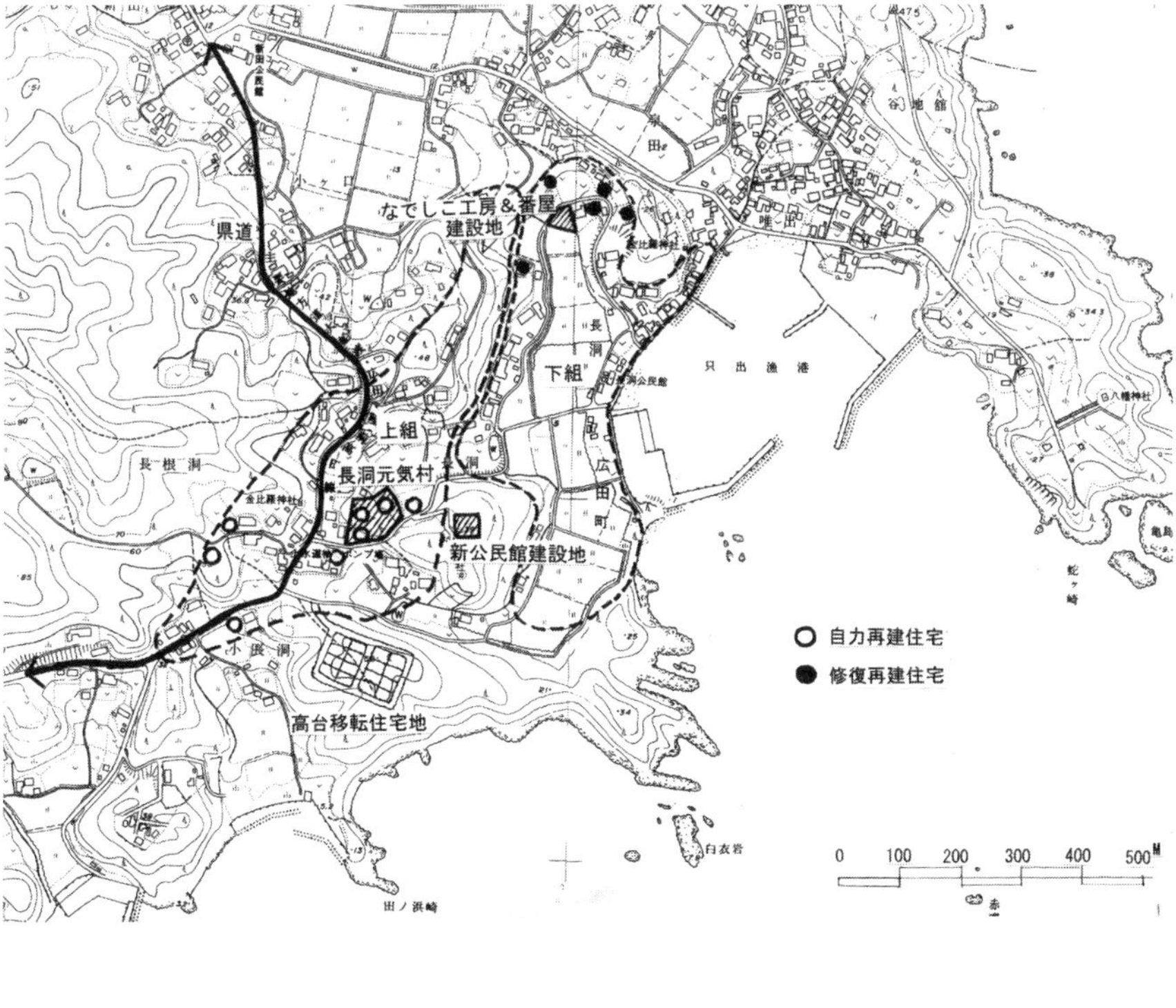

化を持たせるため、2世帯住宅を分散して配置する（2世帯住宅は、大規模になることが予想され、家並みの変化を生み出すので、分散配置することが景観上望ましい）、②防集団地に隣接する山林の所有者が、入居希望世帯に含まれているので、土地の連続的利用の可能性を残すため、隣接する山林の土地所有状況を尊重する、の2点で、それについては特に異論がなく了承された。

次いで、入居希望宅地への図上の札入れをおこない、2宅地で応募が重なったが、1宅地は話し合いで、もう1宅地は抽選で決定をみた。全体としては大変スムーズに宅地の位置決めが進められた。ようやく、どこに誰が住むのかが決まったのだ。

この懇談会の後、ただ1世帯だけとなっていた災害公営住宅入居を希望していた家族も、長洞を離れたくないとの思いが強まり、手を尽くして資金繰りに目途をつけ、防集団地への参加を決めたので、防集団地の入居世帯は14世帯となった。

9月初旬にようやく高台計画地の山林伐採が始まり、事業着手をみた。

工事の進行中に、災害公営住宅希望者は、防集団地の宅地を希望する旨の変更申請をおこない、防集団地は最終的に14宅地と緑地がつくられることになった。

なお、以前から公民館用地として造成していた場所に2014年1月、公民館が新設されたので、高台計画地での集会所建設を中止することとし、集会所計画地をその宅地増に充てることとした。

また、被災者の方々の住宅再建への具体的なイメージづくりに役立つようにと、著名な建築家の早川邦彦さん、戸室太一さんの協力を得て、2012年の6月12日と2013年の9月16日の両日、住宅相談会を開催したが、建物については、地元の知り合いの工務店に依頼するという人がほとんどで、相談会は空振りに終わった。

5　住宅再建の実現へ

1　高台移転事業の完成と元気村の閉村・撤去（２０１４年６月～２０１５年３月）

9月に始まった高台住宅地の造成工事は、翌年（２０１４年）の5月23日に完成予定であったが、工事現場でいくつかの巨石が出てきて、その処理に手間取ったため、6月9日に完了することになった。待ちに待った住宅再建がようやく実現するのだ。住宅再建を進めようとしている人々の多くは、すでに知り合いの工務店と相談済みで、7月頃から高台での住宅再建がスタートした。工務店が極めて多忙なので、なかなか着手できない人も出てきたものの、年末に向けて次第に着工数は増えていった。宅地の位置決めの後で、災害公営住宅希望から防集希望に切り替えた人の住宅も建設が始まり、２０１５年春頃までにはほとんどの住宅が建ち並ぶことになった。

そうした工事が進捗しているさなかに、市から長洞元気村の明け渡しを２０１５年2月いっぱいまでとするようにとの通告が届いた。元気村に入居した２０１１年7月以降の3年半程の間に、もとの地権者から元気村が設けられていた土地を購入した人が3世帯いるので、その人たちが明け渡し後、すぐにそこに自力再建住宅を建てる予定にしているためだ。

通告期限の2月末の段階では、高台での住宅建設が完成していない人もいたが、10世帯程がまず高台の新築住宅に引っ越した。その他の人は、別の場所の仮設住宅の空き家に一時移転することになり、2月末には元気村の全ての仮設住宅が明け渡され、元気村が閉じることになった。3月には元気村の取り壊しがおこなわれ、元気村は更地に戻された。仮設団地の解体は、元気村が陸前高田市では最初であった。

2 ささやかな元気村の閉村式（2015年3月）

元気村の解体が終わりに近づいた3月22日の昼、元気村から長洞集落の皆さんに呼びかけて仮設住宅団地元気村の解散と、「なでしこ工房&番屋」のお披露目、さらに集落の皆さんに感謝の意を伝えるささやかな会が開かれた。あいにく、ワカメの収穫作業時期でもあったので、集落からの参加者はそれほど多くはなかったが、元気村の人々はようやく、一区切りがついたとの思いに包まれていた。

3 最後の一人の住宅再建が実現（2017年4月）

2016年末時点で、高台移転の新しい住宅地には、1軒（1宅地）を除いて全ての住宅が完成して新しい生活が始まっている。その1軒は村上道一さんの家族だ。道一さんは、もともと災害公営住宅希望であったが、長洞での災害公営住宅が実現せず、なんとか集落のみんなと一緒に暮らしたいとの考えから、高台での用地は確保してい

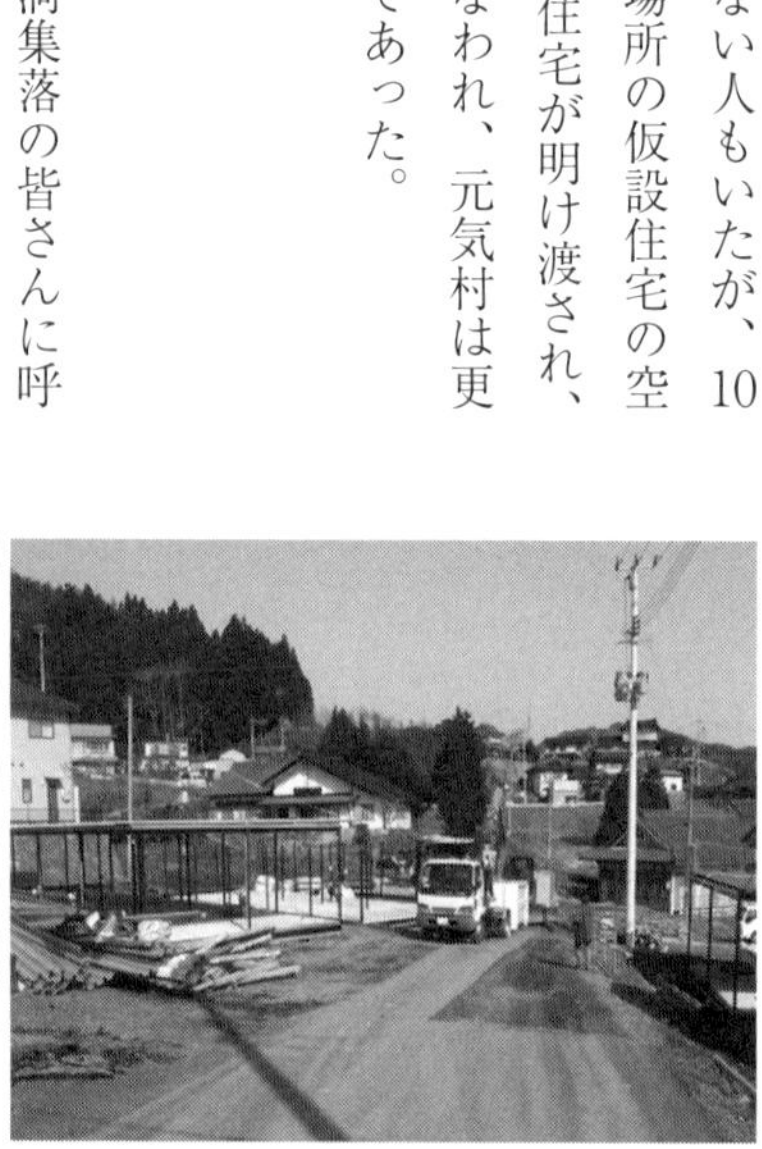

写真2-17　元気村の撤去。（2015年3月）

たものの、資金の目途がつかず、いまだに他地区の仮設住宅で暮らしている。なんとか安く住宅を建てる手立てはないものか。陸前高田市の隣の住田町の木造仮設を払い下げしてもらえないか。復興まちづくり研究所理事の大月敏雄東京大学教授が住田町との関わりがあるので、町に打診してもらったが、時期尚早で断念せざるをえなかった。

しかし、その家族にもようやく光明が見えてきた。高田一中の校庭で岩手県医師会が開設していたトレーラーハウスでの仮設診療所が２０１６年３月に閉鎖することになり、そのトレーラーハウス２基（写真２－７）を無償で譲り受けることができた。その移転費用も岩手県医師会に負担していただけるとのこと。高田一中から長洞の高台移転地まで約10キロの距離がある。トレーラーハウスはレッカー車で牽引する必要がある。ところが、２０１６年４月14日に熊本地震が発生した。頼みにしていたレッカー車は熊本地方に動員されて手配がつかない。その約４カ月後の７月23日、待ちに待ったレッカー車の手配がついた。その日の深夜に高田一中から長洞の高台移転地にトレーラーハウス２基を移送することができた。

新しい住宅は、トレーラーハウスをやや離してＬ字型に配置し、中間に７坪（23平方メートル）程の木造家屋を建て、つなぐ構えだ。その設計は、第４章で述べるように、「なでしこ工房＆番屋」の建設で大きな力を発揮した千葉政継さんが担当してくれた。現地の職人不足のあおりを食らって建築工事が遅れ気味ではあったが、これまた千葉さんとともに尽力いただいた埼玉土建の片岸さんたちと元気村の男衆によって、２０１７年４月に完成させた。

図2－11　トレーラーハウス活用住宅の平面図

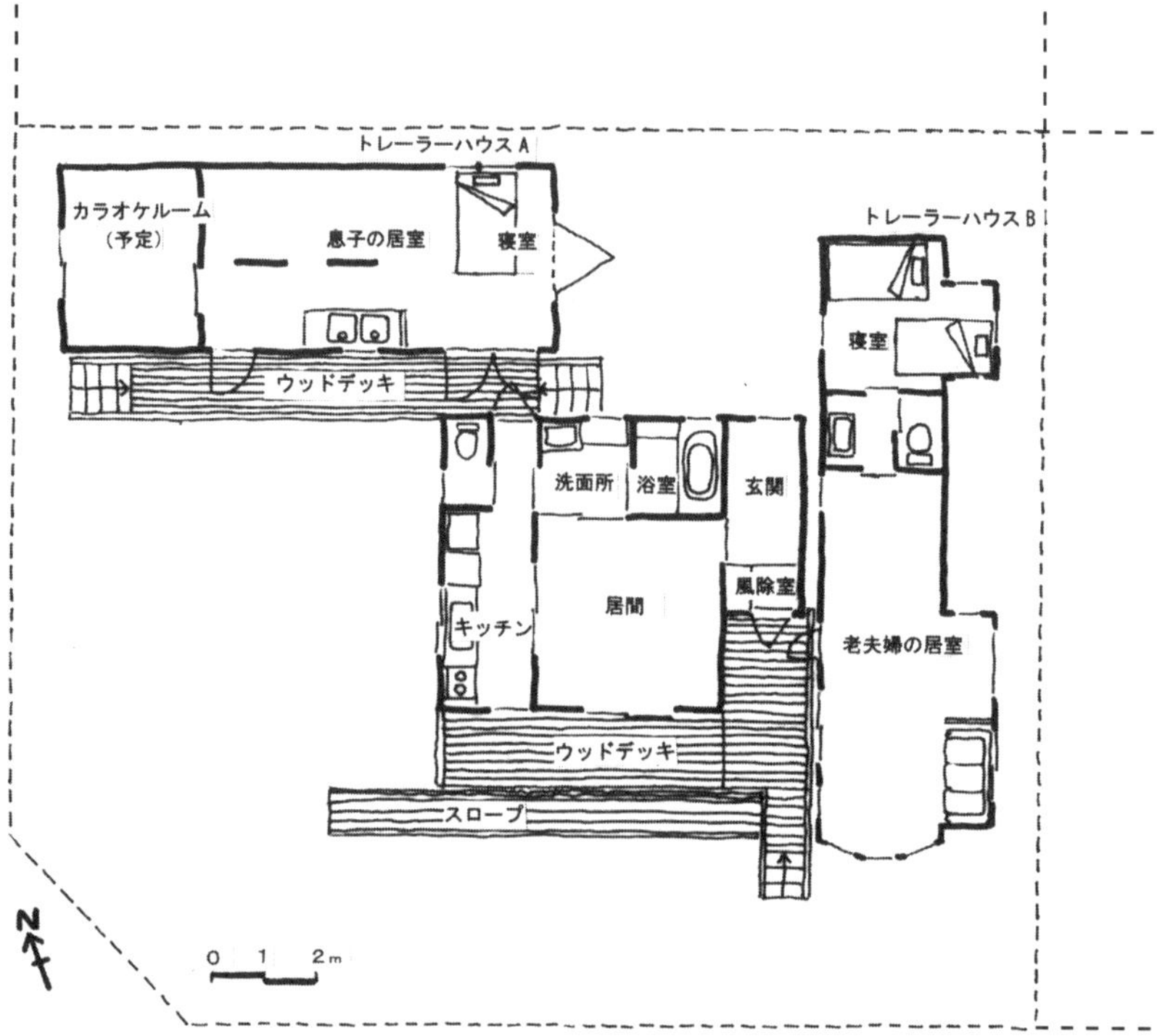

写真2－18　完成したトレーラーハウス活用住宅。

これで、晴れて長洞でのコミュニティまるごと移転が実現した。

写真２－19　高台移転地の状況。（2017年４月）

図2－12 「コミュニティまるごと」移転を伝える新聞記事
（朝日新聞 2017年5月11日夕刊）

朝日新聞（夕刊） 第3種郵便物認可

住民が守った 集落の輪

東日本大震災の津波で大きな被害を受けた岩手県の陸前高田市と釜石市で、被災前からの地域のコミュニティーを守ろうと進めてきた集落づくりが完成間近だ。避難先がバラバラで孤立する被災者も少なくない中、両市の事例には、災害後に「つながり」を維持するためのヒントがある。

新居の縁側に座って談笑する村上誠二さん（左）と村上道一さん＝4月20日、岩手県陸前高田市の長洞地区

丸ごと移転 最後は手作りの家

陸前高田・長洞

陸前高田・長洞《ながほら》地区の住宅団地。高台の14区画のうち、最後の1区画に4月、新居が完成した。県医師会から譲り受けたトレーラーハウス2台と約40平方㍍の木造平屋を組み合わせた手作りの家だ。

資金が足りず、故郷での自宅再建をあきらめていた村上道一さん(81)のために、地区の住民らがボランティアで造り上げた。中心になった村上誠二さん(61)は「希望者全員が長洞に残ることができ、コミュニティーの丸ごと移転が完成した」と感慨深げだ。

長洞地区は約60世帯200人が住む半農半漁の集落だった。津波で28世帯が流失したが、住民は結束した。被災を免れた残りの世帯に身を寄せ、震災翌日から集落内のコメを集めて炊き出しを始めた。薬が必要な高齢者を調べて病院に連れて行き、ガソリンも分け合った。

まもなく、仮設住宅の建設話が持ち上がった。市は当時、学校の校庭や公有地に仮設住宅を造り、抽選で入居先を決める方針だった。しかし、抽選だと住民が散り散りになりかねなかった。

「みんなで一緒に暮らせないか」

誠二さんは地権者4人に掛け合い、長洞地区内の計約1200坪を5年間無償で借り受けた。震災から2週間後、地区内に仮設住宅の建設を求める要望書を市に提出。公平性を優先する市から当初は難色を示されたが、最終的に許可を得ることができた。

2011年7月、26世帯の仮設住宅が完成。「長洞元気村」と名付けた。被災前の隣人関係を再現するため、仮設住宅の並び順は被災前の集落の家の並び順と同じにした。

誠二さんは元気村を活気づけようと、伝統菓子のゆべしや海産物を売る事業を始め、ボランティアも年間3000人以上、受け入れた。元気村は15年3月に撤去されたが、25世帯が順次、被災した地区内で自宅を再建していった。

取り残されたのが道一さんだった。地区に戻る費用がなく、仮設住宅や災害公営住宅を転々とした。車のない道一さんは外出を控えるようになり、妻(84)も「長洞さ帰りたい」と繰り返すようになった。

それを聞いた誠二さんら住民は、県医師会からトレーラーハウスを譲り受けるなどし、1年間かけて手作りの家を完成させた。26世帯目として長洞に戻り、道一さんは「故郷の仲間と焼酎で一杯やる。そんな日が来るなんて夢のようだ」と話した。

（渡辺洋介）

移転地の完成祝賀会で、根浜地区の人たちと一緒に津波犠牲者にもくとうを捧げる小林ミサさん（右）＝4月9日、岩手県釜石市の根浜地区の宝来館

防潮堤は不要 みんなで高台へ

釜石・根浜

釜石・根浜地区の海岸から見上げた高台に、集団移転地が完成した。

地区にある旅館で4月、祝賀会が開かれ、町内会長の前川昭七さん(64)が胸を張った。全67世帯が被災したが、移転地に38世帯が戻ると決めたからだ。「帰還率は56・7%。固い結束の結果だ」

津波に襲われた瞬間から地区は一丸となった。道路が寸断し孤立したが、住民は上の階が無事だった旅館「宝来館」で約1カ月、避難生活を続けた。まき割りや炊きだしを役割分担して支え合い、各地の仮設住宅などに分散した後も、ほぼ毎月集まった。

この協議の場に市の担当者も毎回顔を出し、集団移転の計画について説明した。住民は計画に関し、疑問や要望をぶつけたが、町内会事務局長の佐々木雄治さん(61)が双方の調整に気を配った。

地元製鉄所の労働組合でトップを務めたこともある。住民と行政が納得するまで話し合うよう促し、大きな決断の合意に導いた。

高さ14・7㍍の防潮堤計画は「全員で高台に移転するから要らない」と早々に拒否し、市に認めさせた。移転地内での住宅の配置も「誰もが海が見えるように、海側は平屋建て、2階建ては山側に」との原則で、市に任せず住民主導で決めた。

そんな根浜地区の結束にひかれたのが、小林ミサさん(89)だ。

隣の地区の出身で一人暮らし。一度は内陸に住宅を再建した。それでも海のそばに戻りたいと根浜への移住を希望した。前に住んでいた地区より造成工事が早く進み、お茶会に参加してみて、「一緒に暮らしたい」と思ったことから、決断したという。

小林さんは5月下旬に移ってくる予定だ。「1人で寂しい日が続いたけど、もうすぐ根浜に住めるから安心。残りの人生は楽しく過ごしたい」

（山浦正敬）

第3章 なでしこ会と好齢ビジネス事業

なでしこ会のメンバーが「なでしこ工房&番屋」の工房棟で来訪者の昼食をつくる。（2017年5月）

この章のはじめに

この章では、まず〈1〉で、長洞元気村のなでしこ会の活動と私たち復興まちづくり研究所の支援について述べる。なでしこ会は、仮設住宅団地・長洞元気村（あるいは、単に「元気村」）の「被災に負けず活動する12名の年配（熟年～高齢）の女性グループ」である。なでしこ会は、被災住民の日常の暮らしを互いに支え合うとともに、数多くの支援者、来訪者の受け入れの中心となり、地場の特産品を生かした起業など、元気村の復興に極めて大きな役割を果たしてきた。こうしたなでしこ会の活動を抜きにしては、仮設住宅団地・長洞元気村の復興は語ることができない。

次に、〈2〉で、私たちがここ数年応援してきた「好齢ビジネス事業」について述べる。「好齢ビジネス事業」とは、男性・女性を問わず集落の中でも比較的年齢の高い住民が、来訪者との交流、ワカメやアワビ・ウニ漁体験の提供、地場の特産品の製造・販売などをおこない、しかるべき居場所、役割を確保するとともに、役割に応じて、わずかではあるが持続的に収入を得る、というコミュニティビジネスである。

この章の最後、〈3〉では、紙芝居『一緒にがんばっぺし』の制作について記した。この紙芝居は、なでしこ会を中心とする語り部としての活動を補完し、長く伝えようとするものである。3・11直後から膝詰めで元気村住民と接してきた私たちならではの支援の一例であり、被災から仮設住宅団地・長洞元気村が誕生するまでを伝える記録である。

1 なでしこ会のスタートと活動

1 なでしこジャパンが優勝！　その朝に

２０１１年（平成23年）７月18日（つまり、元気村の開村祝賀会がおこなわれた翌日＝３・11から約4カ月後）の朝のことである。

「やった！　やりましたね！」。村上誠二さんが満面の笑顔で濱田と私に語りかけてきた。この日の早朝に実況されたばかりの女子サッカーワールドカップ決勝戦[*1]で、なでしこジャパンがアメリカに競り勝ったのである。

前日は、元気村の開村祝賀会、つまり、３・11被災以来の大きな懸案の一つ、集落のなかに集落の被災者がまとまって住むことができる仮設住宅実現の祝賀であった。復興へ向かおうとする集落の人々の前に立ちはだかった難題をひとまず解決したという安堵。誠二さんの弾んだ気持ちはよくわかる。

なでしこジャパンの優勝。これを機に、元気村の「被災に負けず活動する12名の女性グループ」の名前は「なでしこ会」が最有力となった。

名前が決まるということは、それまでのグループとしての活動の形・中身が「なでしこ会」としていっそう明確になったことをも意味する。

このように、２０１１年の7月半ばは、仮設住宅団地・長洞元気村が開村し、また、復興推進の大きな原動力である「なでしこ会」がほぼ同時にスタートするという記念

＊1：ＦＩＦＡ第6回大会。２０１１年６月末からドイツでおこなわれた。フランクフルトでの決勝戦で、なでしこジャパンはアメリカチームと対戦。２対２でＰＫ戦に突入。これを３対１で制し初優勝した。

すべき節目となった。

2 長洞集落復興の原動力となったなでしこ会

長洞元気村が元気なのは、そのネーミングによるのではない。たびたび述べるように、被災集落の住民がそれまで培ったコミュニティの絆《きずな》を基本としながら、結束して前向きに個々の暮らしの復興、集落の復興に取り組んでいるからである。なでしこ会の活動は、そんな長洞の復興に向けた取り組みの大きな原動力である。

なでしこ会を構成する12人の女性たちは、「なでしこジャパン」のイメージと違って、ずっと年齢を重ねた面々ばかり。彼女たちは、元気村から毎日仕事場に出かけるいわゆる働き盛りの住民と異なり、昼間は元気村で過ごすことが多い。お年寄りの介護をしたり孫の面倒を見たりしながら、家事の合間を縫って集会所（「談話室」）に集まり、来訪者の対応への準備、地場産品づくりや宅配の発送など、さまざまな共同作業に取り組む。そのようすはいかにも楽しげである。たとえば、第4章で紹介する「なでしこ工房&番屋」の建設に当たって、とりわけ大きな力となった数十人規模のボランティア・ツアー[*2]の受け入れは、なでしこ会がなければ、イメージするのが難しい。図3-1の写真は、仮設住宅団地・長洞元気村の中央に設けられたデッキ（小さな舞台）での集合写真。復興まちづくり研究所の会報に掲載したものだ。２０１２年秋に三井物産環境基金の助成が受けられることになった直後である。仮設住宅の壁には「感謝と復興の誓い」が高らかに記されている。

＊2：災害の後、ボランティアとして被災地の救援や復興の支援、さらにはそれらを通じた被災地への理解を深める活動をおこなうことを目的に組織されるツアー。

図3－1　NPO 復興まちづくり研究所会報第4号（2012年11月9日）

●●●ＮＰＯ復興まちづくり研究所　会報第４号　2012 年（平成 24 年）11 月 9 日　●●●

NPO/特定非営利活動法人/ FUKKOU MACHI-DUKURI KENKYUJO

復興まちづくり研究所会報

●●NPO FOR MAKING YOUR COMMUNITY SAFE AND BEAUTIFUL●●●●

第4号/2012年（平成24年）11月9日（金）

■10月7日（日）、朝日新聞（広告欄）などに三井物産環境基金によるNPOへの助成決定が掲載されました。同基金（24年度上半期）の東日本大震災支援部門への90余件の申請のうち、私たちNPO復興まちづくり研究所による「漁村集落復興のための海産物加工所および交流施設の建設・運営・計画立案支援」ほか14件が採択されたのです。

三井物産環境基金の助成交付が決定
長洞集落の水産加工・物販の起業支援へ

陸前高田市広田町長洞（ながほら）仮設住宅（長洞元気村）の「なでしこ会」（2012 年 8 月）　PHOTO:J.HAMADA

●この助成は、期間が2か年半、総額約620万円となっています。ねらいは、被災集落の「真の復興」です。つまり、住まいの復興のみならず、地場産業（漁業・水産加工）の復興・起業により、とくに女性や高齢者の働く場・生きがいづくりを支援することです。

●初年度は、なでしこ会を中心とした地元の人々による事業主体の形成、生産拠点（なでしこ工房）の建設、事業の運営計画の作成が達成目標です。

●具体的には、11月から現地での本格的な取組みをスタート。長洞元気村の人々と力を合わせ、まず、なでしこ工房の敷地条件の精査、設計・建設、生産活動の支援などを行います。

●それと並行して、首都圏での消費者グループづくり、3月からのワカメの出荷や夏季にかけての漁村体験ツアーの事業化支援などを順次進める予定です。

●長洞元気村はもとより、集落に暮らす人々、地元の漁協、工房の建設に携わる建築家や職人さん、ボランティアなど多くの人々の力を合わせることが求められています。私たちNPO復興まちづくり研究所は、最大限の努力を傾けていく考えです。

1

私たち復興まちづくり研究所（あるいは、前身の「仮設市街地研究会」）のメンバーは、3・11のほとんど直後から長洞集落を訪れ、以来、幾十度となく集落の人々との対話を重ねてきた。そうしたとき毎度のように、食事の世話から寝場所の確保に至るまで、なでしこ会の人々に面倒を見てもらった。集落の復興の打ち合わせでは、なでしこ会がその主要な相手だったりすることも多かった。さらに、復興まちづくり研究所が東京でおこなう活動に、かなり無理を言って上京してもらい、語り部として活躍してもらったりもした。そうしたとき、なでしこ会は、私たちの活動を支援してくれたと言える。そうした互恵関係という意味からも、なでしこ会は、私たちの活動にとってなくてはならない存在である。

3 支援者、来訪者の受け入れを一手に

元気村へ私たちと同じように支援に訪れたり、被災や復興の状況を見聞きに訪れる人々は数多い。これらの来訪者を受け入れるのは、なでしこ会のメンバーの大切な役割である。来訪者は、応対するなでしこ会メンバーの力強いあいさつや自己紹介の明るさに驚くはずだ。本当に津波で家や家財など一切合切を失った人々なのかと感じるのである。続いて、何人かのメンバーが語り部として3・11当日の模様――津波の前の地震が立っていられないほど大きかったこと、津波の来襲と命からがらの避難、被災直後の困難をどう助け合って乗り越えてきたか――などを来訪者のニーズに合わせ、

写真3-1　仮設住宅の集会所前のスペースを活用して、なでしこ会、浜人（はまど）会のメンバーなどが、東京・世田谷からのボランティアツアー参加者に、ワカメの芯抜きを伝授した。（2012年7月）

図３－２　なでしこ会の活動の広がり

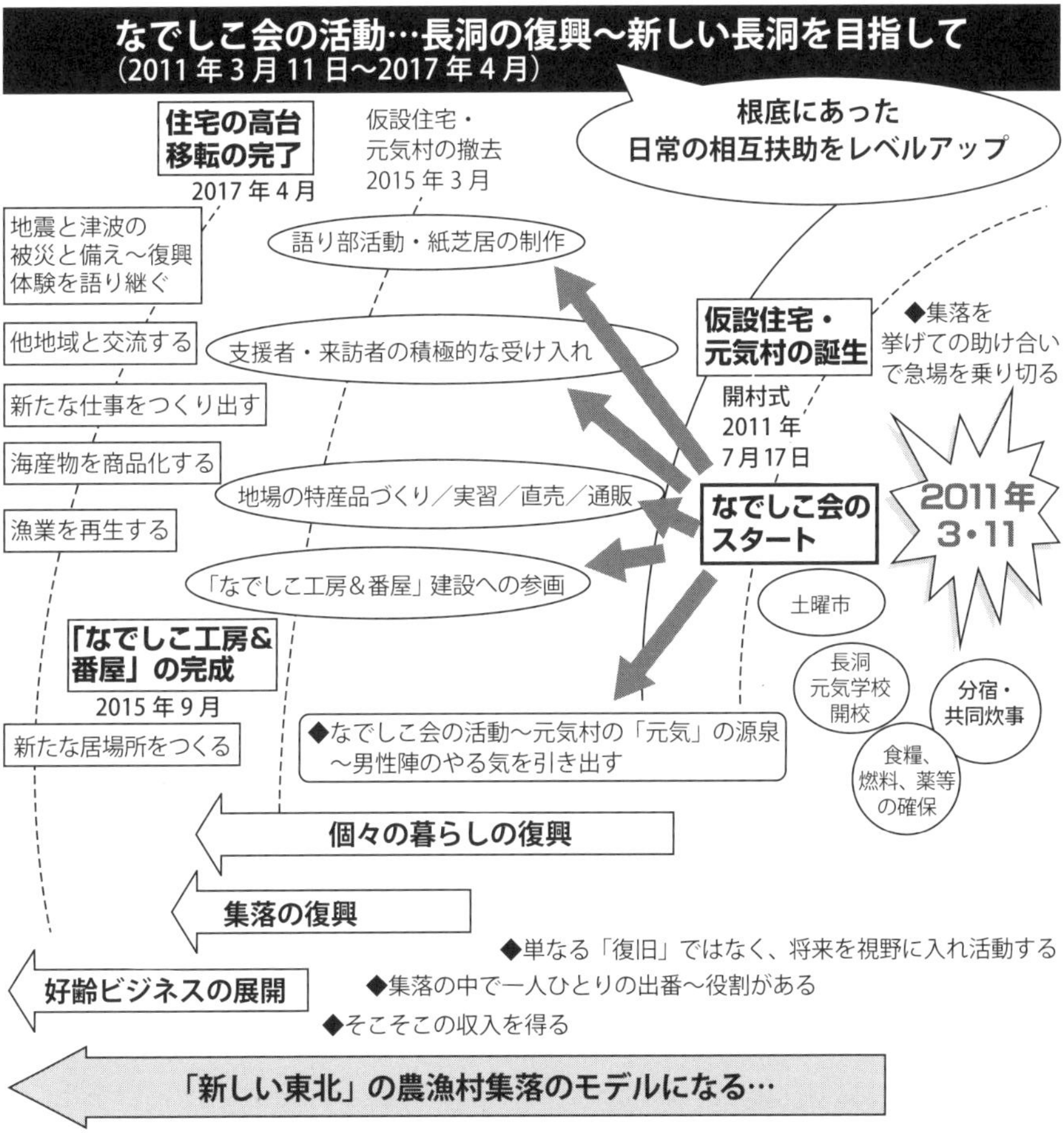

写真３－２　ワカメの芯抜きは、いわゆる葉の部分と芯（軸）を取り分けること。最盛期になると、養殖業者は、猫の手も借りたいほど忙しい。

体験をもとに伝えるのである。語り部に続き、都市部では珍しい柚餅子[*3]づくりやワカメの芯抜き[*4]体験（実習）がおこなわれることも多い。

近くに食堂がないこともあって、なでしこ会が来訪者へ食事を提供するケースが多いのであるが、メンバーの心のこもった料理に来訪者は舌鼓を打つに違いない。三陸漁場を控えた長洞集落の魚介類や季節の野菜をふんだんに用いた料理は、何よりのおもてなしでもある。春には、採れたばかりで磯の香いっぱいの高級食材・マツモ[*5]が味噌汁に用いられ、来訪者を感激させる。

なでしこ会の活動場所は、先に述べたように集会所である。私たちが東京から元気村の支援に訪れると、集会所から聞こえる笑い声、そして、なでしこ会のメンバーが集会所のテーブルを囲んで、和気あいあいと手を動かしている光景によく出会ったものである。元気村の元気は、なでしこ会から発信されているのだ。

4 もともとの助け合いの輪――舫《もや》いをいっそう盛り上げる

元気村は、全部で26戸の小さな仮設住宅団地であるが、あちらこちらで、なでしこ会の共同作業の成果を目にすることができる。朝採りの野菜が仮設住宅それぞれの小さな玄関先におすそ分けされていたり――相互扶助は、なでしこ会の原点である――、集会所の軒下には都市の人々に宅配される「元気便」のためのワカメやイカの干物がたくさん吊り下げられていたりする。集会場に入ると、メンバーが作った柚餅子がお茶受けやお土産に供される、といった具合である。

*3：米粉とゆず汁、砂糖などを原料とする練り菓子。長洞地区では古くから賞味されている。

*4：葉状に育ったワカメの軸（芯）とそれを中心に左右に広がった部分（ワカメとして広く流通する部分）とを取り分けること。出荷に際して欠かせない大切な作業。

*5：長洞集落では3月頃、最寄りの只出港周辺で収穫される海藻の一種。独特の香り、歯応えがあり、汁の身などに珍重される。

こうした女性同士の親密なお付き合いは、被災前からあったのだろうか。私は、なでしこ会のリーダーである戸羽八重子さんや村上陽子さんに聞いたことがある。

「4年に1度、広田町の黒崎神社（村社）のお祭りがあるんです。それには集落ごとの出し物があり、みんなで準備したり、祭りの当日は、それこそ総出で祭りを盛り上げるといった感じでしたね」

長洞集落の位置する広田町の黒崎神社は、古くから海上安全、大漁、長寿、安産などを願う人々の信仰厚いことで知られる。４年毎の例大祭は、梯子虎舞《はしご》いなどの華やかな催しがおこなわれるとともに、それぞれの集落が出し物を競い合い、つながりを深めるような大きなイベントである。

ふだんでも、半農半漁の60戸くらいの小集落であるがゆえに、いろいろな形で住民の間に舫《もやい》とか、結《ゆい》と呼ぶ相互扶助が成り立ち、また、それが欠かせないものであったことは想像に難くない。たとえば、隣りの小友《おとも》町の漁業者と共同利用している只出《たで》漁港の維持・管理や、ワカメ、コンブ、ウニ、アワビなどの養殖がおこなわれている地先の漁場の資源管理や開口《かいこう》＊6を巡っても、長年にわたり培われてきたきめ細かな掟《おきて》があり、それをベースにした臨機の意思統一や共同作業が欠かせなかったろうと思う。

それでも近年、次第に陸前高田市の中心部、大船渡市、気仙沼市などに通勤する住民が増えるに従い、集落内の密な相互扶助関係が薄れつつあったことも事実である。こうした近隣の住民の間のつながりの希薄化は、これまで日本の近代化といわれる時期以降、全国レベルで進行しており、近年いちだんと激しくなっている流れである。

しかしながら、被災後、元気村に住むようになってからの人々のつながりは、以前

＊6：禁漁の解除日。くちあけ。この日、漁師は一斉に漁場に向かい漁に励む。

とは比べられないほど強いものだという。

5　他の仮設団地との違い

これまで述べたような、集落の人々の間にもともとあった舫、結といった日常的なつながりや相互扶助――それはやや陰りがみられるとはいえ――が基礎的な条件であることに間違いない。加えて、津波で全てが流されてしまい、仮設住宅に住み、今後の生活再建、復興を目指す、という境遇・目標は、もちろん元気村住民に共通している。また、元気村は、こじんまりしてコミュニケートしやすいということもあるだろう。しかしながら、それだけで、なでしこ会の結束の固さや勢いの良さは説明できない。そもそも、そうした勢いの良さや温かさといったものが、私たち支援する側にとって、気楽にアプローチできるような仮設住宅団地・長洞元気村の雰囲気をつくり出しているといえる。

私たちが見てきた東日本大震災の被災地のなかには、しんと静まり返って人の気配がまったく感じられない、クルマが通るたびに仮設住宅の間を、まるで西部劇の一場面のように土ぼこりが舞い、とても立ち話ができるような雰囲気ではない、せっかく設けられた集会所がほとんど使われずに支援物資の倉庫になってしまっている、さらには、住民同士のつながりが希薄なため、支援物資が届いても、個々の被災者に配布することができない、などの寂しいケースが多々あった。

また、どんな経緯があったのだろうか、入り口近くに「心のケアお断り」などという張り紙がされていたりすることもある。そんな仮設住宅団地では、支援しようと訪れても、うっかりすると邪魔者扱いにされるのではないか、住民との会話の手がかりすらつかみ難いのではないかと、びびってしまうだろう。

そうしたケースと比べると、元気村はまったく様相が異なるのがわかる。ジイさま（後述する「浜人会《はまどかい》」のメンバー）が仮設住宅の脇に置かれた丸テーブルでタバコをくゆらし、おしゃべりをしている、多様なボランティアがしょっちゅう出入りする、なでしこ会のメンバーの陽気な声が聞こえてきたり、海産物の干物など（これは、宅配便に盛り込まれることも多い）が集会所の軒先に吊るされていたりする。土曜日に訪ねると、仮設住宅団地の一角に「土曜市」として、余った支援品などが販売されるコーナーが設けられている。

6　なでしこ会が元気な理由

このような違いがどこから生まれるのだろうか。一番の理由は、被災した住民が集落の中につくられた仮設住宅にまとまって入居したことだ。これに加え、私たちは、次のような3つの理由があると考えている。

①　集落ぐるみの助け合いが被災を機にレベルアップ

第一に、被災直後の集落ぐるみの助け合いが元気村となでしこ会に引き継がれたことだ。3・11の津波で住まいや作業場を失ったのは、集落の中でも、海岸に近い「下

写真3-3　静岡県から若い人々が実地見学と激励を兼ねて訪れた。なでしこ会のメンバーと楽しいひと時を持った。（2013年10月）

組」の人々であった。第1章で述べたように、これらの被災者を高台に住む「上組」の人々が温かく受け入れ、急場をしのいだ。部落会長の前川勇一さん宅が災害対策本部となり、敷地内の作業小屋が炊き出しの拠点、前庭が安否確認・情報共有のための広場となった。集落の人々は、陸前高田市の中心部が壊滅し、長洞地区を含む広田半島が津波で孤立したなか、食料や燃料の確保、医薬品の調達、見回りなど、分担した役割をよくこなし、助け合った。

仮設住宅が7月に完成するまでのほぼ4カ月、他の多くの地区とは違い、学校などの公共施設に避難するのではなく、被災者は親戚や知り合いを頼って分宿（避難）することとした。こうした状況のもとでも、学校が閉ざされ、行き場のなくなった子どもたちのために「長洞元気学校」を開設するなど、幅広い相互扶助をおこなった。

以上のような3・11直後の部落会長はじめ集落のリーダーの適切な判断、そして集落を挙げた助け合い・共同の取り組みがその後、被災した者同志としての意識の高まりや被災をきっかけに来訪者が格段に増えるなか、なでしこ会に引き継がれ、レベルアップしたということができるだろう。

②優れたリーダーとグループの総合力

第二には、なでしこ会には、戸羽八重子さん、村上陽子さん、金野悦子さん、村上とよみさんなど、気さくで目配りの利いた優れた中堅リーダーがいること、黄川田繁さん、戸羽英子さん、黄川田キヨ子さん、村上シゲ子さん、金野マサ子さんら、大ベテランが脇を固め、金野幸子さん、黄川田真智子さん、村上林子さんらがしっかり力を発揮するという、チームとしての総合力が大きいことだ。これを可能とするそれぞれの家族のサポートも付け加える必要がある。

決まったメンバーが、私たちを含め、多くの来訪者を迎えたり、共同作業を進める上では、気持ちのちょっとした食い違いや誤解などがつきものだと思うのだが……。やはり、助かったのは命だけ、という共通の体験や復興に向けた意思がベースにあり、それに優れたリーダーがいて、グループとしての総合力が発揮されるのだろう。

何より、被災した人々が、被災者として受け身になっているのではなく、優れたリーダーのもとで、コミュニティの絆をベースに結束して復興を目指し、日々、積極的に取り組んでいる――それは、当たり前のようであるが、先述したように、案外、被災地では稀有なケースである。

③携帯電話による一斉通知とパソコンの活用

第三に、携帯電話によるメールの一斉通知システムの活用である。

元気村には、１２００坪（約４０００平方メートル）の敷地に、26戸の住宅と一棟の集会所が設けられている。それだけをとれば、大変な高密度である。

しかしながら、仮設住宅の各戸は、ドア一つで他から遮断されており、住民全てに何かを瞬時に伝えるようなことは案外難しい。こうした弱点をなでしこ会は、携帯電話を使ってカバーすることに成功し、活動の幅を広げている。

もともと元気村の被災住民には、いわゆるガラケーといわれる携帯電話を使ったこともない、もちろんeメールもしない、できない、という高齢者も多かった。そんななか、元気村の開村の直後、富士通から40個の携帯電話の無償供与（2年間）がなされた。さらに、NTTドコモの社員グループや学生ボランティアによる講習会などの協力を得て、なでしこ会の一斉通知の仕組みが立ち上がった。なでしこ会のリーダーたちは、一斉通知のネットワークの結節点となった。たとえば、第2章などでも述べたが、携帯電話のメールで「サンマの差し入れがあったので、欲しい方は、鍋を持って集会所に取りに来てください」「明日の柚餅子づくりは、○○時から○○時に変更」といった具合だ。元気村住民間の情報の共有がとても容易になり、なでしこ会の活動を元気村の内部で下支えするものとなっている。

一方、パソコンは、元気村と私たち支援者や見学希望者などとの意思疎通や宅配便「元気便」のやり取りなどに幅広く使用されてきた。パソコンは、村上誠二さんから私たちに3・11の直後、ぜひ手に入れたい、と要請された品目の一つであるが、思わぬ出会いから早い時期に実現することができた。

私たちが村上さんからの要請を受けてからすぐ後のことである。4月半ばに私たちのグループが遠野市に宿泊した際、宿で出会った遠野住民の一人・平井孝史氏（スペイン語の通訳）は、鳥取県出身で、私たちと同行していた森反章夫*7の兄とは高校の同級生であることがわかったのである。宿の夕食は大いに盛り上がり、しまいには平井氏がパソコン1台を長洞に寄付してくれることになった。後日、私たちが平井氏からのプレゼントとして、長洞に届けたのが被災後第1号のパソコンである。以降、長洞元気村の復興ニュースの発行・発信が始まり、さらには、ブログによるなでしこ会の動きの頻繁な発信、通販の展開などにつながったのである。

写真3-4　携帯電話を使った一斉通知で、皆が集まった。漁師さんからカニが届いたのだ。

*7：東京経済大学現代法学部教授（社会学）3・11当時、仮設市街地研究会幹事。復興まちづくり研究所理事（2013年3月まで）。私たちが復興まちづくり研究所のメンバーが長洞集落の住民と出会った際にも、彼の人柄や肩書が大きな力となった。

３・11直後とは違って、現在では、携帯電話による一斉通知がなでしこ会内部の意思疎通の手段に、パソコンを用いた情報の受発信が、少なくとも対外的には、なでしこ会の重要なコミュニケーション手段になっている。この背景には、先に述べたように、ＩＴスペシャリストたちが、ボランティアとしてＩＴスキルを元気村のリーダー、なでしこ会のメンバーたちに丁寧に伝えたことが挙げられよう。

以上のように、大事なのは、高齢者などが容易に使えるような利用者本位の情報システムと、それを実際に被災地で普及させるためのＩＴスペシャリストの熱い気持ちとが、しっかり結びついたことだと思う。このあたりの事情は、20年前の阪神・淡路大震災のときとは隔世の感がある。

7　なでしこ会の運営と「元気便」

なでしこ会は、見学ツアーで訪れたあるリピーターから「体験料」を支払いたい、との希望を受けたこと、また、頻繁に元気村を訪れる私たち復興まちづくり研究所メンバーが何らかのお礼をしたいと申し出たことなどをきっかけとして、実技指導や語り部、食事の提供をおこなった場合などに、たとえば来訪者一人当たり３千円から５千円をいただくことにした。いただいた対価は、なでしこ会や元気村の共益費としてプールされるほか、実際に対応したなでしこ会のメンバーに支払われる。

来訪者との連絡調整、食事や休憩の準備、ボランティア作業の割り振り、語り部などは、かなりの労力が必要であることを考えると、来訪者への心のこもった対応とそれへの対価の設定は、妥当な仕組みといえるだろう。

今、なでしこ会の活動は、来訪者の受け入れから出発して、自家製の柚餅子のもてなしから販売へ、さらに、地先の海産物などをも加え、詰め込んだ「長洞元気便」（略して「元気便」＝宅配便）へと発展してきた。元気便は、年間2万円の会費で、季節ごとの品々を（計4回）会員に送り届ける仕組みである。会員は、２０１７年4月現在75名である。また、千代田化工建設（横浜市）の職員による「柚餅子の会」のように、１００個単位で柚餅子などを購入してくれる、貴重な「大口」の顧客も生まれている。元気便は、今後のなでしこ会のあり方を左右する事業の一つといえるが、仮設住宅が撤去され、３・11の痕跡・記憶が急速に薄れていくなか、元気便を通じて交流の輪を維持・拡大することはますます重要となっている。

私たち復興まちづくり研究所のメンバーのなかにも理事長の濱田、副理事長の原をはじめ、元気便のファンがいる。復興まちづくり研究所としても、ホームページや会報、セミナーでＰＲするなど、なでしこ会の活動を応援するとともに、モニター役として時には辛口のアドバイスをしてきた。今後もできる限り、なでしこ会の活動を支援していきたい。

8 「なでしこ工房＆番屋」がいっそうの加速

なでしこ会の活動は、元気村の建物配置などと密接に関係している。とりわけ、集会所の存在は大きいものがあった。仮設住宅一戸の広さは、せいぜい２ＤＫ（約30平方メートル）で、とてもゆったり作業をするというわけにいかない。たとえば４～５人での作業は集会所でおこなうことになる。

ということで、仮設住宅団地・長洞元気村が３・11の４カ月後（２０１１年７月）に完成するのとほぼ時を同じくしてスタートしたなでしこ会の活動は、それ以降、集会所を活動の中心にしてきたのであるが、活動を開始して１年ほどたった頃には、いずれ仮設住宅や集会所が撤去されることを見越して、永続的な活動の場の確保を考えるようになった。これを実現するためには、元気村の人々がまとまらなければならないのはもちろんであるが、実際には、私たち復興まちづくり研究所と元気村の人々とで開催してきた集落復興懇談会や長洞未来会議での議論、さらに「なでしこ工房＆番屋」プロジェクトへの三井物産環境基金の助成を受けることになったのが決定的な加速要因となった。

「なでしこ工房＆番屋」プロジェクトについては、次の第４章で詳しく述べるが、企画段階から具体の設計、見積もり、確認申請などの諸手続き、材料の調達、施工及びその管理、建設ボランティアの段取りなど、プロセス全体に私たち復興まちづくり研究所が関わった。

「なでしこ工房＆番屋」の建設が現実に動き出したことは、被災した集落の人々にとって住まいの復興だけでなく、生業《なりわい》の、あるいは、新たな仕事を通じた暮らし全体の復興がより確かとなることでもある。「なでしこ工房＆番屋」の建設は、さまざまな理由から予想を超える時間と労力がかかり、なでしこ会の面々をやきもきさせた

写真３－５　「なでしこ工房＆番屋」の外壁作りに参加してくれた㈱富士通システムズ・イーストの皆さん。なでしこ会のメンバーと。（２０１３年11月）

図３－３　なでしこ会のある日の活動

なでしこ工房での柚餅子づくり

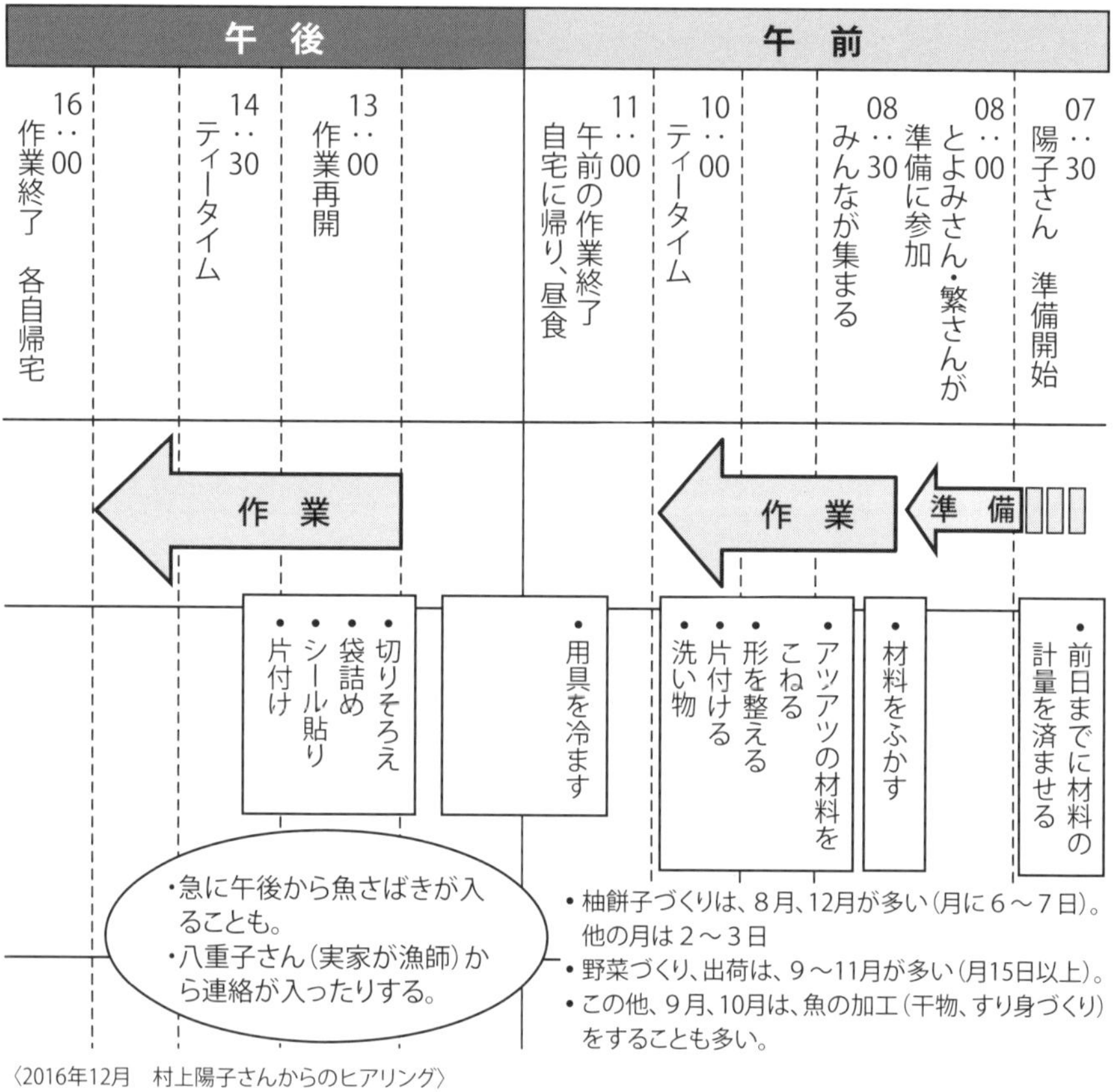

〈2016年12月　村上陽子さんからのヒアリング〉

写真３－６　なでしこ会のメンバーが軽トラックで「なでしこ工房＆番屋」の建設工事現場に心のこもったランチを届けてくれた。（２０１３年10月）

が、その遅々としたプロセスゆえに、多くの支援者が関わる結果となり、なでしこ会のファンが増えることにもつながったといえる。

9 なでしこ会のこれから

以上のように、私たち支援する側の頭が下がるような、なでしこ会の奮闘であるが、課題がないわけではもちろんない。たとえば、ステレオタイプな指摘ではあるが、メンバーのいっそうの高齢化や、３・11の記憶の風化に伴う来訪者や宅配先（顧客＝支援者）の推移（減少）に抗しえる魅力的な活動や生産物の開発が挙げられる。また、なでしこ会の活動を集落全体に広げていくことも、身近で切実な課題といえる。地元の広田漁協との調整（出荷調整、質の確保など）も、水産品の宅配活動をスムーズに進めるという観点から欠かせない。

しかしながら、それら課題を真摯に受け止めつつ、巨大津波で何もかもを失った人々――平均68歳（２０１６年11月現在）の女性たち――が「なでしこ工房」に集い、無理のない仕事をみんなで楽しむ、さらに、手づくりの地域の産物を都会の人々に送り届け、そこそこの収入を得るといった喜び、そんな暮らしのあり方をなでしこ会は目指している。そんな柔らかな運営と背反する恐れもないとはいえないが、後述する「浜人会」の活動を含めた「好齢ビジネス」をいっそう推進するため、２０１６年１月にそれまでの任意のグループから、一般社団法人長洞元気村へと衣替えしたのも自然な選択だと思う。

2　好齢ビジネスの展開

1　好齢ビジネスとなでしこ会、浜人会《はまどかい》

「高齢ビジネス」ではなく、ぜひ「好齢ビジネス」と書いてくれませんか——私のメモを見て、あるとき、誠二さんがすかさず訂正を注文してきた。うっかり、間違えてしまったのだった。

この章の冒頭で述べたなでしこ会の活き活きとした活動は、長洞元気村の主に熟年〜高齢女性たちによるものであるが、元気村には、熟年〜高齢男性も6〜7人いる。「好齢ビジネス」とは、それら高齢男性の居場所づくりと出番づくり（役割の再確認）となでしこ会の活動を併せ、さらに発展させようとするものだ。

ほんの少しだけ歴史をさかのぼると、長洞周辺の男性は、働き盛りの年齢には、ほとんどが遠洋漁業に従事しておカネを稼ぎ、40代半ばを過ぎると、実入りは良いが過酷な遠洋漁業から「足を洗い」、以後、親の後を継ぐような形で、近場の定置網や養殖漁業に従事してきたという。年齢を重ねるとともに、悠々自適に漁を楽しんでいるのだが、やがては漁に出ることがきつくなり、集落内で日々を過ごすことになる。

こうしたリタイヤした高齢男性の居場所をしっかりつくり、集落のなかで経験豊富な彼らならではの力を発揮してもらおう、出番をつくろう——という議論は、なでしこ会の活躍が進むにつれ、はっきりとしてきた。

私たち復興まちづくり研究所のメンバーは、元気村を訪れるたびに、村長である戸羽貢さん、事務局長の村上誠二さんらと夜更けまで語り合うのだが、元気村の大ベテラン男性たちへの温かい眼差しに驚かされたものだ。貢さんがよく言うのは「オレたちは、彼らに育てられた。オレたちが今（3・11の被災からの復興を）引き受けないでどうするのか」――そんな場での議論は、しばしば、第1章や第2章で述べた復興懇談会や長洞未来会議での話し合いに移される。「なでしこ工房&番屋」の半分、つまり、番屋棟の企画は、そうした意図のもとにスタートしたものだ。

長洞の復興、さらには集落全体の将来像を考えるなかで、「なでしこ工房&番屋」の構想が実行に移されることになった時期（2012年秋）は、女性グループのなでしこ会、そして男性グループ（現在の「浜人会」）の活動を併せ、「好齢ビジネス」と大くくりする、そんな考え方がいちだんと現実味を帯びてきた時期でもあった。

2 好齢ビジネスの理念

ここで2012年4月（3・11のわずか1年後）の長洞未来会議における長洞集落の将来像を検討したダイヤグラム（第2章図2-6）を思い起こしてほしい。

このなかに、その後順調に進んでいるもの、準備は進めているが、まだまだ漠とした段階のもの、などさまざまであるが、掲げられた事項のほとんどがその後、実現に向け動き出していることがわかる。

このような好齢ビジネスを貫く基本的な考え方～理念を元気村の人々は、次のように言い尽くしている。少々長くなるが引用する。

少しでも多くおカネを稼ぐことが幸せに近づくことだと伝えてきた
幸せな生活は都会にあることを知らず知らずの中で伝えていた
経済最優先・働いて働いてマイホームの夢や豊かな老後生活を追う
それが一人前の人間だと教えた

生き抜くたたかいが始まったその時、経済優先の生き方は捨てられた
あるものを持ち寄り手を差し伸べ支え合う
地域コミュニティの力が湧きあがった
生きる価値観が大きく変わっていった

仮設暮らしの中で長洞の未来を語り
みんなの居場所と出番を探した

（私たちには）
何よりも千年に一度の大災害を乗り越えた知恵と経験がある
生き抜いた誇りがある
避難生活の中で鍛えられた強い思いがある
子や孫の命を守るために伝えたいことがあり

人々を温かく迎えるおもてなしの心がある
身の丈に合った好齢ビジネス事業が生まれ
進化する長洞集落がある
（「新しい東北」先導モデル事業調査 成果ブックレット［２０１５年3月作成］）

なんと堂々たる理念――そして覚悟ではないだろうか。

これまでのところ、なでしこ会の活動に比べ、浜人会のそれは、まだまだ十分なものとは言えない。シャイな男性が多いからかもしれない。それでも、こうした理念が忘れられなければ、元気村の好齢ビジネスは、いずれ確実に成果を挙げていくことだろう。

3　好齢ビジネスと「新しい東北」モデル事業調査

２０１４年は、私たち復興まちづくり研究所にとっては厳しい年であった。いくつか民間の基金による助成に応募したりしたのだが、連戦連敗状態である。こうしたなか、元気村では復興庁の「新しい東北」先導モデル事業調査[*8]（ここでは「新しい東北」調査、あるいは単に「調査」という）の採択を受けることができたとの知らせが入った。

実は、私たちも元気村を支援する意味から、この調査に応募したのだが、被災当事者である元気村の申請が採択されたのだろう。過去何年にもわたって元気村の人々と私たちは、復興のあり方、集落の今後の姿はどうあるべきかなどについて熱い議論を

＊8：「東日本大震災の被災地では人口の減少、高齢化、産業の空洞化といった全国的な課題が特に顕著に表れている。このため、被災地の単なる復旧ではなく、震災復興を契機として、それらの課題を克服し、我が国や世界のモデルとなる『新しい東北』を創造すべく、取組を進め」（復興庁HP）る事業。平成25年度から実施。民間の主体的、持続的な取り組みが期待されている。

重ねてきた。それゆえ、「新しい東北」調査の中身は、容易に共有することができた。私たちが偉そうに言うべきことではないが、元気村の人々、とりわけ、事務局長の村上誠二さんにとっては心強かったかもしれない。

戸羽貢さん、村上誠二さんらの思いもあり、私たちは、長洞集落復興懇談会や長洞未来会議での話し合いで示された住まいの確保はもとより、生業の復興や起業を含む多岐にわたる課題への対応――それは一口に言って「まるごと復興」への道筋であるが、この調査を通じて、より明快なものにできたら、と考えた。

調査の取りまとめに至る約半年間、私たちは長洞集落を幾度となく訪れ、好齢ビジネスをはじめ、調査の進行を巡る意見交換をおこなった。また、こうした取り組みと併せ、後述する長洞元気村復興紙芝居『一緒にがんばっぺし』のワークショップや仕上げの段階に入りつつあった「なでしこ工房&番屋」への取り組みを進めることができた。

4 多くの支援者、来訪者との交流――好齢ビジネスの行方

好齢ビジネスの行方は、なでしこ会と同様、私たちを含む多様な支援者、来訪者との交流と大いに関連すると考えられる。元気村には、数多くの支援者、見学者が訪れる。そうした来訪者に適切な対応をするのは極めて重要なことである。被災前の集落のようす、大きな地震とそれに続く津波の来襲、決死の避難行動、被災直後の助け合いなどの模様を語り部として、広く伝えることは、集落の人々の最重要課題の一つと

図３－４　東北モデル・生き生きプラン

「新しい東北」先導モデル事業調査成果の一つ（邦文パンフレットの一部）から「東北モデル・生き生きプラン～高齢者の居場所と出番のあるむらづくり～」の全体像を示す。

写真3-7　新しい東北モデル事業の内容、調査のまとめ方などについて検討。ワークショップ方式で出したアイデアなどを整理。なでしこ番屋にて。（2015年3月）

もいえるものだ。また、なでしこ会の活動や次章で詳述する「なでしこ工房&番屋」の建設も、多くの支援者が手弁当で関わったこと抜きには考えられない。

来訪者対応は、簡単のようだが、やるべきことがたくさんある。人数の確認、ボランティア作業の割り振りと進行管理、食事の準備、責任者との連絡調整、それらに付随する後片付け等々である。

これらをうまくこなすのは、先に述べた通り、これまで主に元気村事務局長の村上誠二さんとなでしこ会のメンバーの役割であったが、より広く好齢ビジネスの一環として考える必要がある。

適切な対応をすれば、それを聞きつけてまた別のグループが訪れる。メディアにも取り上げられる、リピーターも増える、という循環ができてくる。そんな幅広い交流の輪を生かすことが好齢ビジネスに欠かせない。たとえば、「なでしこ工房&番屋」の建設に多くのボランティアを次々と送り出してくれた千代田化工建設や富士通システムズ・イースト（現・富士通）、埼玉土建・狭山支部、見学ツアーの常連となった所沢市社会福祉協議会、コヤマドライビングスクール（東京）などは、集落の復興にとても大きな力となっている。今後とも、それらの人々はもちろん、新たに長洞集落を訪れる人々を快く受け入れることが好齢ビジネスの大きな柱であることは間違いない。

写真3-8　建設途上の「なでしこ工房&番屋」の中庭で。なでしこ会、お茶の水女子大学教育学部の熊谷圭知教授と学生さんたち、私たち復興まちづくり研究所のメンバー、村上誠二さん。（2014年夏、撮影：太田龍馬、提供：小川杏子）

3　紙芝居『一緒にがんばっぺし』ができた！

1　語り部（なでしこ会）の活躍と紙芝居

ここでは、私たちが復興支援として関わってきた取り組みのなかから、長洞元気村復興紙芝居『一緒にがんばっぺし』の制作について述べたい。

なでしこ会のメンバーは、語り部となって多くの来訪者に被災から復興に向けた最近の暮らしぶりまでを伝えてきた。

巨大津波の来襲と身一つでの避難、その後の集落を挙げての助け合いは、やはり実際に経験した者ならではの迫力がある。なにもかもを失った悲しみ、苦しみ、そして助け合いの尊さに涙する聞き手を私たちはたくさん見てきた。

そうした語り部の記憶は、そう簡単に消え去るものではないし、津波の恐ろしさ、津波への備えや助け合いの大切さは、これからも、経験者が直に伝えるのが一番効果的である。

とはいえ、語り部も歳を重ねていく。一人ひとりの記憶に頼っているだけでは、いずれ伝えきれない日がやってくる。また、ＩＴ（ハイテク）と対極をなす「ローテク」でありながら、ずっと手軽で、ときには、ビデオなどよりずっと強い力を発揮する――そんな趣旨から、紙芝居をつくろうとの声が復興懇談会などでは比較的早くから上がっていた。

私たち自身、他の被災地を調査するなかで、3・11津波の被災と備えをテーマとする紙芝居、たとえば、福島県新地町で被災した村上哲夫・美保子夫妻が制作した『命のつぎに大切なもの』を見て感動したことがある。また、3・11の10年近く前になるだろうか、戦前に小学校で使用された紙芝居『稲むらの火』[*9]が防災まちづくり教育を得意とする仲間の手で復刻・頒布されたことも記憶にあった。

復興まちづくり研究所のメンバーと元気村村長の戸羽貢さん、事務局長の村上誠二さんらとの話し合いでは、長洞の体験をぜひ語り継ごう、との思いがかねて強く打ち出されていた。

「新しい東北」先導モデル事業調査の導入（2014年秋）は、紙芝居づくりの格好のきっかけとなった。事業調査に私たちが関わることができれば、紙芝居づくりのための手間ひま（制作に要する時間や旅費をはじめとする資金など）が事業調査費全体の枠組みのなかで、やり繰りできるからだ。

紙芝居は、それまでのなでしこ会の語り部としての活躍をサポートするという狙いから、なでしこ会と私たち復興まちづくり研究所のメンバーとで共同作業を進め、2015年2月頃を目途に完成を目指すことになった。

2 基本的な進め方

集会所でおこなわれた最初のワークショップ（2014年9月29日）では、グループワークに先立ち、改めて、基本的な事項である、紙芝居の狙い、主な内容、ボリュー

＊9：1942年制作の紙芝居。小泉八雲の原作をもとにつくられたとされる。広く教育現場で読み聞かせがおこなわれた。防災まちづくり学習支援協議会により2005年に復刻された。ストーリーは、安政の大地震津波の際の紀州での出来事。地震で大きな津波が来ることを予想した庄屋・五兵衛は、せっかく収穫した稲束（稲叢・いなむら）に火をつけ、祭りに夢中の村人を自分の屋敷のある高台に向かわせ、命を救った。

ム、作成部数などを話し合い、確認した。この結果は次の通りである。
ア　復興はいまだ途上にあり、今後も長い取り組みが必要であることから、今回は、3・11から4年近く経った現在までのうち、津波（被災）当日から仮設住宅・長洞元気村ができ、さあ、みんなで頑張るぞ！　となるまでを中心に、いわば「元気村建設編」としてまとめる。津波の来襲から元気村の誕生に至る助け合いとその熱気、市との折衝などを主な内容とする。
イ　紙芝居は、20枚前後（時間としては約20分くらい）の構成とする。
ウ　原案から最終稿まで、語り部の人々を中心に、紙芝居の素材をできる限り集めることとし、ストーリー化のための整理、紙芝居の絵、文章などは、主に私たち復興まちづくり研究所が担う。このため、3回ほどのワークショップを元気村でおこなう。２０１５年2月下旬を完成の目途とする。
エ　紙芝居は、電子データとともに3部を元気村に納品する。著作権は元気村に帰属する。

3 涙のワークショップ、そして長洞コトバ

その後のワークショップでは、3・11の被災直後から仮設住宅が完成し、入居するまでの間に、思い出すことを時系列で挙げてもらい、ポストイットに書きとめ、順次、模造紙に貼り付けていった。

「あんときはどうだった」「そういえば、こういうこともあった」と話が弾んでくる。

辛かったこと、悲しかったこと、被災直後の思い出が次々と去来するのか、一時間余りのワークショップの終わり頃には、皆涙、涙。私たちも、もらい泣きである。

これで紙芝居の骨格がほぼ定まった。紙芝居の絵は、私たち復興まちづくり研究所のなかで絵やイラストをよく描き、ときどき個展などを開いている私が担当することにした。実のところ、語り部の人たちは、それまで私の作品を見たことがなかった。私が絵を描く、といっても、最初は、絵がちゃんと仕上がり、肝心の紙芝居の形ができるのかどうか、内心大いに不安だったのではないかと思う。

紙芝居の面白さは、読み手（めくり手）が1枚1枚の紙芝居をめくるごとに、意外なシーンが現れたりしながら、話が展開していくところだ。読み手の声や表情の効果をフルに動員すると、子どもだけでなく大人もストーリーに深く引き込まれてしまう。

そうした紙芝居で、説明部分はともかく、村人の会話に岩手県海岸南部地方である陸前高田の方言を用いるのは、リアリティを高める意味で、とても大事だと思う。

長洞コトバ、つまり、方言の活用については、２０１４年9月からの3回のワークショップを通じて、語り部たちからいろいろなアドバイスを受けた。おおよそストーリーが出来上がった２０１５年2月初めには、元気村村長・戸羽貢さん宅（この頃には、仮設住宅から高台の新居に移転）に泊めていただいたのを好機に、貢さんの娘さんらも交え、深夜までかかって最終的なチェックをおこなってもらうことができた。

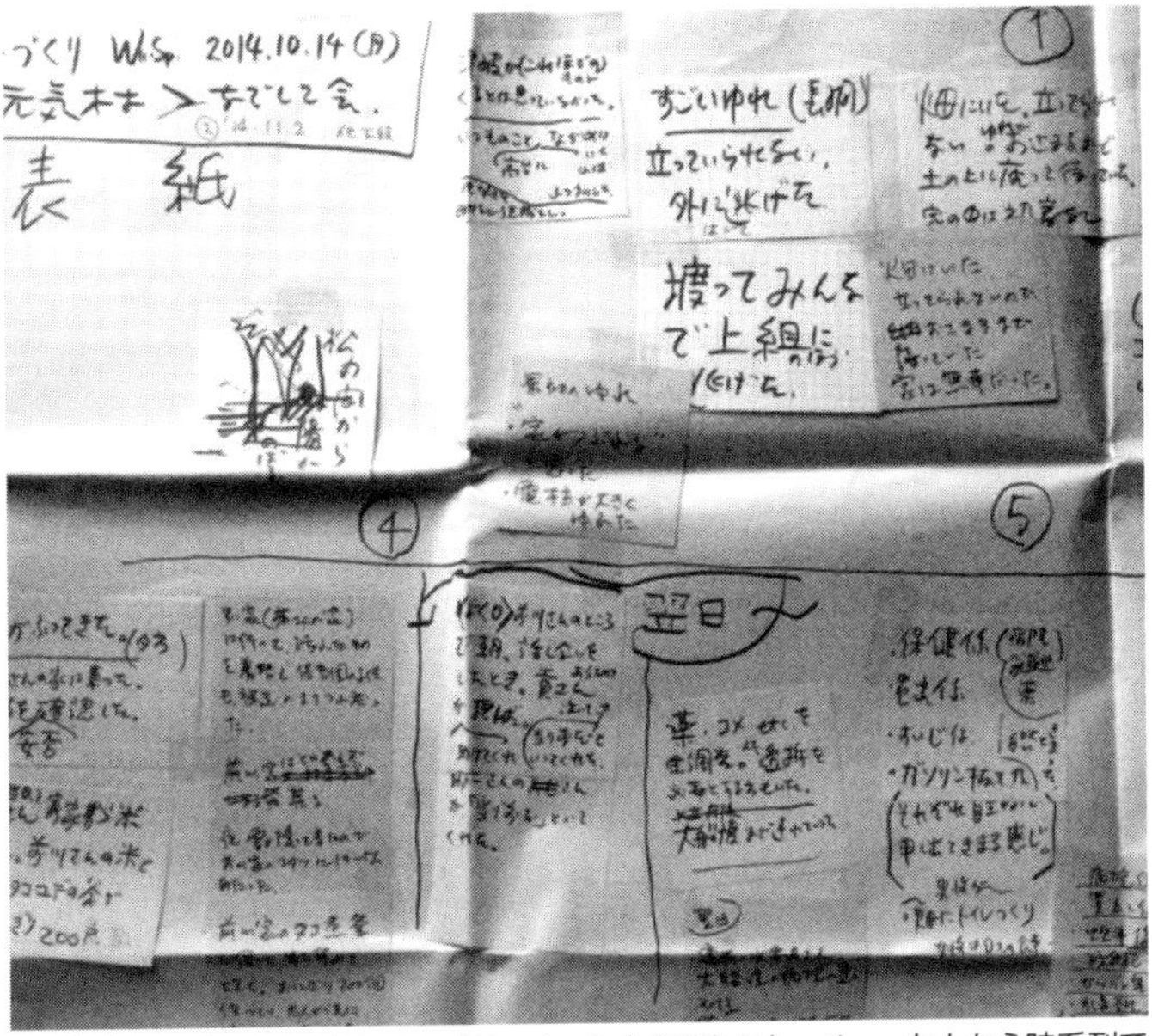

写真３－９　最初のワークショップでつくった大まかなストーリー。左上から時系列で、3・11当日、身一つで逃げたこと、翌日の出来事などが書き出された。（2014年９月）

写真３－10　３回目の紙芝居ワークショップ。今回は、紙芝居のストーリーの再確認のほか、いくつかの下絵を見てもらう。いろいろな思いがこみ上げてくるのか、皆涙、涙である。（2015年２月）

長洞元気村復興紙芝居
一緒にがんばっぺし

制作◆長洞元気村協議会（2015年2月）
協力◆NPO復興まちづくり研究所
絵◆トリヤマ・チヒロ

この紙芝居は、3・11の大きな地震、巨大津波の来襲とその後の急場を乗り切ったこと、さらに行政との粘り強い折衝を経て、集落の中に仮設住宅団地・長洞元気村ができるまでを描いている。いわば「元気村建設編」である。

【表紙】　始まり！　始まり！

① その日、畑仕事をしていた私は、立っていられないくらい大きな地震に……。

② お父（どう）を杖で引っ張って、とにかく高いところに逃げなければ……。

③ ああっ！　港を見ると、みるみる海が盛り上がり、防潮堤を越えて押し寄せてきます。

④ 巨大な津波に何もかも流されていきます。
うあっ！　おらの家が流されていぐ……。

⑤「おう、あだだまれや」電気も途絶え、被害を受けなかった部落会長の家にみんなが集まりました。すぐ炊き出しが始まります。

⑥ ようやく、おむすびが出来上がりました。
「さぁ、食べでけれ」

⑦ 津波で陸前高田市の中心部は壊滅。
長洞集落のある広田半島は孤立状態に。

⑧ 翌日の朝。
「何もかも失った。私たちを助けてください」

「当たり前だろう！　心配すんな」

⑨ 昼頃になると、昨日出かけていた住民が帰ってきました。

⑩ 救援がいつ来るかわからない。どのくらい米の蓄えがあるか調べよう。

⑪ なんとか、しばらくは食いつなげられる！集落の人々は、ひと安心です。水は、山からの水道があるから大丈夫だ……。

⑫ うち捨てられた車からガソリンを抜き取ります。生き延びるためには仕方ない……。

⑬ 休校で行き場のない子どもたちのために「長洞元気学校」がスタート。

⑭ 仮設住宅は、ぜひとも長洞集落の中につくらないと。遠くにばらばらになったら大変なことになる。

⑮「仮設住宅をつくるため、土地を貸していただけませんか」「オレの土地でよければ」

⑯ 長洞につくることは考えてない……。役所の杓子定規な対応が大きなネックに。

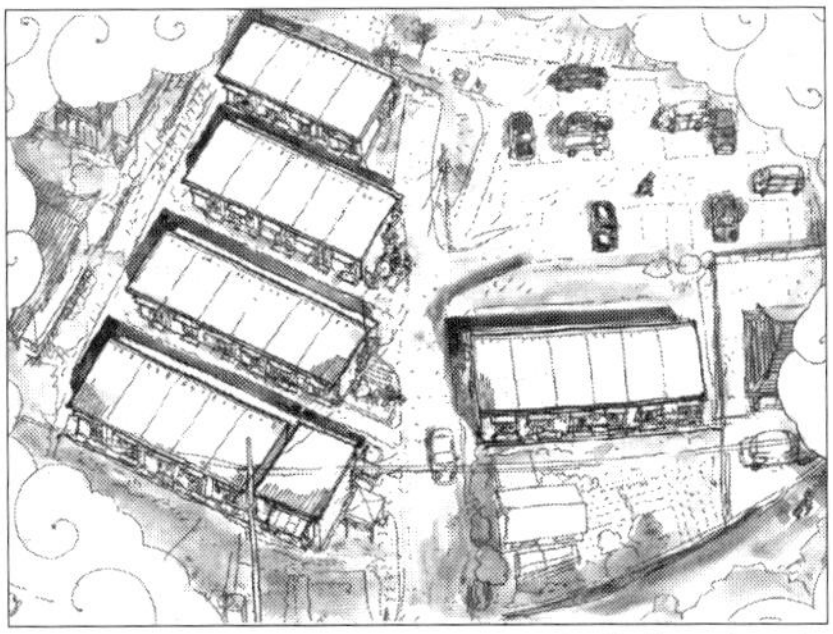

⑰ 粘り強い働きかけにより、長洞集落の中に仮設住宅がつくられることに。

⑱ 長洞に仮設住宅が完成。７月半ばの快晴のもと、開村のお祝いです。「よがった。よがった」長老たちも駆けつけました。

⑲ 仮設住宅はとても狭いけれど、ひとまずこれで今後のことを考えられる……。

⑳ 多くの難題を乗り越えここまで来た……。中心的な役割を果たしたミツグさん、セイジさんは、じっと遠くを見るのでした。

4 紙芝居に表わせなかったこと

こうして全21枚の長洞長洞集落の復興紙芝居『一緒にがんばっぺし』ができた。しかし、紙芝居に表わせなかったことも多々ある。たとえば、3・11に津波が集落を襲い、家々が流された後、いったん避難した高台をさらに巨大な津波が来襲することを恐れ、高齢者を含む数家族を引き連れ、瓦礫でいっぱいの低地を横切り、より高い県道付近に逃れた戸羽貢さん、金野義雄さんらの重い決断、また、集落内では死者を出さなかったこと、その理由——大きな地震の後には津波が必ず襲ってくる。すぐ高台に逃げろ！との言い伝えを皆が守ったこと——などをもっと大きく取り上げてもよかったかもしれない。

もし、紙芝居の続編（たとえば『復興展望編』といったもの）をつくるようなことがあれば、3・11からしばらくして元気村にアフガニスタンからのパオをプレゼントしてくれた安仲卓二さんの厚意、元気村住民を励まし続けている気鋭の画家・岩切章悟さんの壁画（いま、「なでしこ工房&番屋」の壁を飾っている。第4章の扉写真参照）、都市計画コンサルタント会社・地域計画連合（代表は、復興まちづくり研究所のメンバー・江田隆三）の職員による流木活用のデッキ（舞台）づくり、UIFA[*10]・日本支部による和太鼓のプレゼント、仮設住宅をうまく住みこなすための増築など、元気村住民自らの工夫等々も、元気村仮設住宅を巡る出来事として、ぜひ盛り込めたら、と思う。支援してくれた人々がたくさんいるので、うまく描き切れないかもしれない。

＊10：国際女性建築家会議。1963年に設立された女性建築家を中心とする国際組織。

5 今後の活用に向けて

３・11から丸４年。２０１５年３月、私たち復興まちづくり研究所の３名（濱田・山谷・鳥山）は、仮設住宅団地・長洞元気村の閉村式に参席した。すでに、仮設住宅は撤去され、被災住民は、他の仮設住宅団地に移らざるを得なかった数家族を別にして、高台移転の新たな住宅への引っ越しが進んでいた。

春の清々しい晴天のもと、閉村式の会場となった「なでしこ工房＆番屋」の中庭で催された記念の会食に先立ち、番屋棟で復興まちづくり研究所の山谷事務局長が集落の人々に紙芝居『一緒にがんばっぺし』をお披露目した。「なでしこ工房＆番屋」の建設で、この数年、集落の人々とのつながりをいちだんと深めている山谷事務局長が演じる紙芝居は、長洞コトバもなんとか合格、好評を得た。

現在、語り部の多くが活躍するなかで、紙芝居の使われ方が気になるが、修学旅行などで集落を訪れる生徒などに自ら紙芝居を読み上げてもらい、その感想をみんなで話し合う、といったように活用されているという。なでしこ会のメンバー（多くが語り部でもある）が「紙芝居では、ああなっていたが、私の場合は、これこれ……」と、被災者ならではの具体的な体験を対比させ、理解を深める方法は確かに効果的だろう。

私たち復興まちづくり研究所は、東日本大震災の被災地の復興を支援するとともに、主に首都圏での防災・減災まちづくりに携わってきた。２０１６年11月にＮＰＯ法人ではなくなったが、これからも、私たちが開催するセミナーなどの機会に、復興支援の経験を交えて『一緒にがんばっぺし』を披歴することができる。津波防災を伝える紙芝居の名作『稲むらの火』のように時を超えて活用されることも期待しよう。

仮設住宅団地・長洞元気村の全てが撤去され、その跡地に恒久住宅が建ち並んだ今、仮設住宅団地があったことすら、イメージすることが難しくなりつつある。また、被災した人々の記憶も徐々に薄らいでいく。そんななかで、「新しい東北」事業に関して述べたように、たとえば、長洞では、都市部と長洞集落をつなぐ好齢ビジネスの展開と併せ、復興紙芝居『一緒にがんばっぺし』を活用し続けてもらえたら幸いである。

津波の恐ろしさとそれへの備え、そして何より、みんなが協力し合って乗り切ったことを後世に伝える一助として、海外をも視野に入れ、さまざまに工夫・活用してもらえれば、と願う。

写真 3－11　紙芝居のお披露目。元気村閉村式の日、「なでしこ工房＆番屋」の番屋棟で住民に披露した。復興まちづくり研究所の山谷事務局長の長洞コトバも合格したようだ。報道陣も数社が取材に訪れた。（2015 年 3 月 22 日）

第4章
「なでしこ工房&番屋」の建設

「なでしこ工房&番屋」を
北側（エントランス側）から見る。
岩切章悟さんの壁画が
訪れる人々を迎える。
（2017年5月）

1 「なでしこ工房&番屋」の構想

1 なでしこ会の活動拠点をつくる ―― 復興支援のもう一つのテーマ

私たち復興まちづくり研究所の復興支援の基軸は、集落内に仮設住宅を実現し、ここを拠点にした復興自治組織「長洞元気村協議会」による集落復興の推進にある。

具体的には、第1章などで詳述したように、元気村復興懇談会および長洞集落未来会議を開催し、当面する課題の整理・検討とその解決策としての行動を支援することであるが、2012年の春から、「なでしこ工房&番屋」の建設プロジェクトという新しいテーマが浮上してきた。

「なでしこ工房&番屋」とは、第3章で述べたように、元気村の年配女性のグループ「なでしこ会」の活動拠点となる「なでしこ工房」と、世代を問わず漁師たちの居場所であり、かつ、集落内外の人々の交流施設である「番屋」を合わせた自前の施設だ。

ここで、完成した「なでしこ工房&番屋」の建物の概要を示しておこう。

◆位置　陸前高田市広田町字長洞47番1（第2章　図2-10参照）

◆木造平屋

◆延べ面積　約110・95平方メートル（工房棟64・58平方メートル、番屋棟46・37平方メートル）

図４－１　「なでしこ工房＆番屋」の平面図

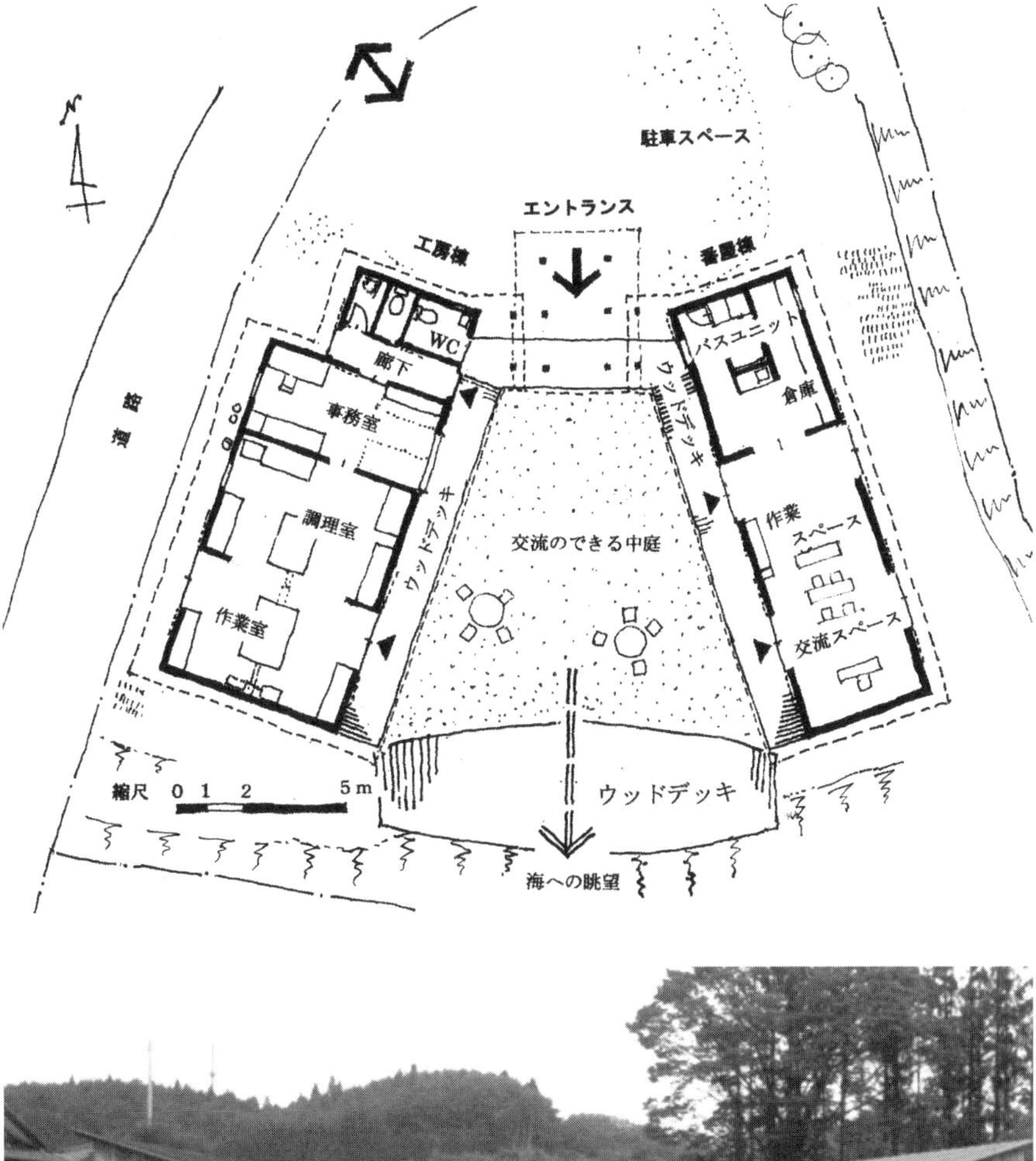

写真４－１　完成した「なでしこ工房＆番屋」を海側から見る。

◆最高高さ 4・48メートル

なでしこ会は、津波被災者のための仮設住宅団地「長洞元気村」の完成後、「土曜市」の開催や支援物資の分配、支援者との交流など、仮設住宅の生活を活気づける中心的な役割を担ってきた。

なでしこ会はワカメなどの海産物や郷土菓子「柚餅子」の加工・生産をおこない、元気村を訪れる人々を通じて販売し、さらに、少しずつ販路を広げようとしていた。これは、生業の復活の兆しである。

なでしこ会は、このような生業をベースにした漁村の暮らしを、ボランティア等で訪れる人々に体験してもらい、交流することを事業化したいと考えた。そして、そのための拠点施設を恒久的に設けることを模索していた。

復興まちづくり研究所は、なでしこ会の意向を実現するため、なでしこ会と共に後述するような施設建設とその運営からなる「なでしこ工房&番屋」プロジェクトを構想し、その支援をおこなうこととした。

2 なでしこ会の活動拠点が必要だ （2011年秋～2012年夏）

第2章などに述べるような曲折――それはまさに陸前高田市の行政当局の思惑と異なる地元の考えを貫く闘いであったのだが――を経て、ようやく長洞集落の中に仮設住宅ができるとすぐ、なでしこ会の活動は忙しくなった。自治機能が十分機能していない仮設住宅団地が多いなかで、受け入れ態勢の整っている元気村に次々と支援物資が送られてくる。これをなでしこ会が仕分け、分配する。あるいは、沿岸の漁が少しずつ回復してくると、昔からの分かち合いの習慣で漁の成果を皆に分け合う。こうしたことが重なって、なでしこ会の「土曜市」が始まった。また、元気村の集会所（談話室）を中心に世代を超えた集まりができるので、なでしこ会は、長老から昔の生活の技を伝授してもらおうと、海産物などの加工を始めた。その代表的なものが柚餅子である。

こうして被災半年後の２０１１年の秋には、支給された物資を元気村の内部で配る段階から、自分たちでつくったものをどう活用するか、という段階になってきた。集会所（談話室）の台所は、来訪者への対応に加え、なでしこ会独自の活動で手狭となりつつあった。元気村仮設住宅は、何年かの後にはなくなることがはっきりしている。せっかくのなでしこ会の活動を継続する場ができないものか、という思いも強くなってきた。

２０１２年2月の長洞集落復興懇談会では、「海のくらしの再生」がテーマとなり、なでしこ会の活動を復興の加速要因に、さらには、長洞全体の地域起こしに結びつける方向がほぼ決定された。手狭になった集会所に代わる、なでしこ会の恒久的な活動の場を設けることがほぼ了解されるに至った。

併せて、なでしこ会の恒久的な活動の場を設けるに当たっては、次のような機能を備えることとされた。いわば、基本的な方向付けである。

①単に生産・加工作業の場とするだけでなく、集落のみんなが集い合える場とする

こと
②多くの来訪者を迎えて漁村の暮らしを理解してもらい、交流する場とすること
③津波の被災と全集落を挙げての被災者支援などを広く伝える場とすること
このなでしこ会の拠点施設の名称は、「なでしこ工房&番屋」と名付けられた。「&」(アンド)は、いろいろな新しいことにチャレンジする、あるいは、ちょっと雰囲気をハイカラにしたい、との私のアイデアである。ささやかではあるが、高い志を持って、自前の生産・販売体制と体験・交流のための施設をつくること、また、それらの運営支援を含むプログラムをつくることが目的である。

「なでしこ工房&番屋」プロジェクトは、住まいの再建という長洞集落復興支援の最初のテーマに続く、私たち復興まちづくり研究所の第2のテーマとなった。


震災後まもなく、私たち復興まちづくり研究所のメンバーは、ボランタリーな活動として長洞集落復懇談会のいわば事務局として、長洞集落復興についての検討を進める上で、かなりの部分を担い始めていた。また、まちづくりや建築に詳しい専門家集団としても、集落の人々の議論をもとに、具体的な取り組みをイメージして、わかりやすい図や絵にして示すなど、元気村の復興を支援することが当たり前のようになっていた。そのようななかで、この「なでしこ工房&番屋」の建設を支援する上でのまとめ役は、復興まちづくり研究所のメンバーのうちでも、住宅や規模の小さな公共建築など、身近な建築の計画づくりに詳しいとされる私がその中心を担うこととなった。

私はこのとき、建設実施の体制としては、次のように構想した。

●企画・設計・工事の進行：復興まちづくり研究所（山谷事務局長）
●工事施工・実技指導：元気村在住の大工さんなど、建設技術者
●工事施工のマンパワー：宮城大学その他の建築系学生を中心にしたボランティア

3 イメージスケッチと三井物産環境基金助成（2012年春～秋）

長洞の海辺周辺は、港（只出《ただで》漁港）に向かって谷戸状に広がった地形を利用した、低く小さな棚田が形成されている。津波の被害を受けた下組の家々は、この田んぼを囲むように立地していた。「なでしこ工房&番屋」の建設候補地は、棚田の頂点にあり、いわば扇の要の位置にある。敷地に立って両手を広げると、右手と左手の間に海への視界が開ける。私は、そのまま、右にまず、なでしこ会の工房（加工場）、左に老漁師たちの集う番屋、真ん中に海の見える広場を囲む建物配置を思い浮かべた。

このイメージを膨らませて、既成の地形図を拡大してスケッチしてみた（写真4－2）。これを2012年3月（被災1年後）の第6回復興懇談会に持参したところ、どうしても実現したいとの機運が高まった。この建物は「なでしこ工房」と呼ぼう、建設を発注する資金がなければ自分たちで建設（自力建設）しよう、ということになった。

私たちは、被災地で、すでに番屋の自力建設に取り組んでいる宮城大学グループのプロジェクト（南三陸町志津川、唐桑町鮪立《しびだて》）を見学していたし、グループの中心となっていた竹内泰准教授（現・東北工業大学工学部准教授）とも面識があった。

竹内准教授は、志津川漁港で一刻も早い操業開始を望んでいるカキ養殖業者のため

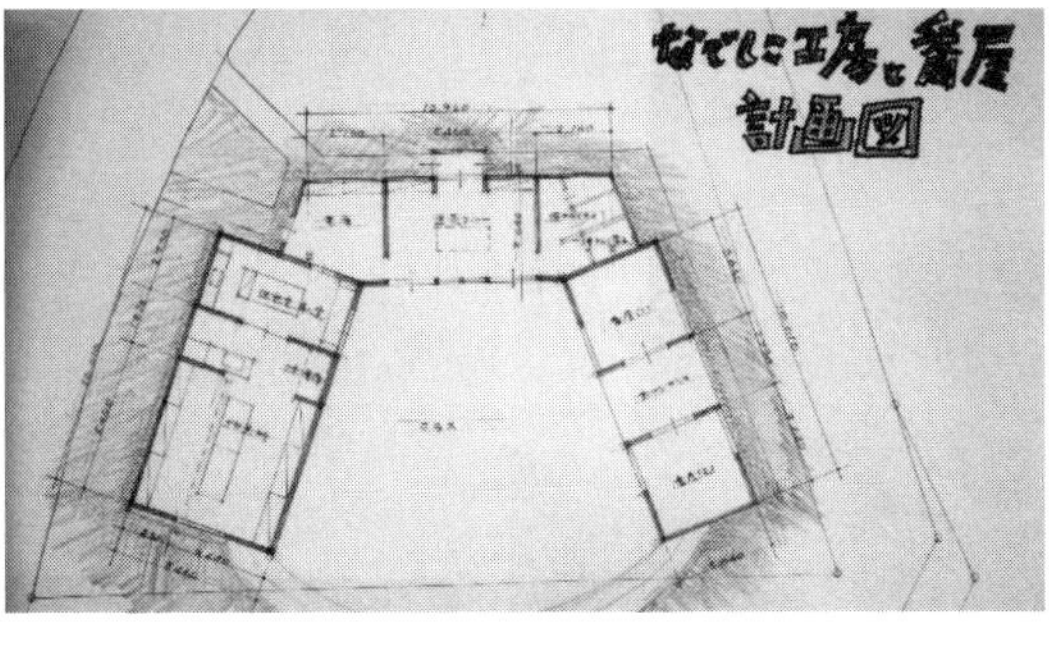

写真4－2「なでしこ工房&番屋」の初期のスケッチ。

の番屋を、研究室の学生や呼びかけに応じた人々と共に自力で建設。被災して間もない２０１１年5月初旬のことなので、いち早い復興のトピックスとしてメディアでも取り上げられた。

実は、この後「なでしこ工房&番屋」建設を支える主要メンバーになる千葉政継さん（私の友人でＮＰＯ復興まちづくり研究所の正会員、宮城大学名誉教授）は、竹内准教授の前任者であり、先の番屋プロジェクトにも参加していた。このような縁で、竹内研究室の協力を得ることになった。技術情報の提供や研究室の学生への呼びかけで大いに助けられたが、何より大きかったのは、復興支援活動への助成金活用のアドバイスである。

竹内研究室は、番屋プロジェクトをさらに推し進め、復興に寄与する技術者育成事業（復興コミュニティアーキテクト事業）を企画して三井物産環境基金の助成を受けていた。私は、その経験を学び、早速応募することにした。

自力建設とはいっても、その立ち上げに際し、材料や諸手続き、関係者との折衝などにある程度の資金が欠かせない。そこで、２０１２年6月、復興まちづくり研究所が三井物産環境基金に、元気村が復興活動を支援する地元の団体に、それぞれ企画書を作成し、助成を申請した。

三井物産環境基金への助成申請は、10月になって実を結ぶことになった。

2　自力建設へ乗り出す

1　苦しみながら「自力建設」へ（２０１２年秋）

工房をつくる、番屋をつくる、ということになったが、実際には、まず、工事にこぎ着けるまでの過程がとても難儀である。敷地の測量、基本設計と実施設計、建築確認申請や消防署、保健所への調整・諸手続、見積もり、施工計画の立案など数多くのハードルがある。また、工事段階では、種々の建築材料の手配、無駄のない工程管理、施工の専門家を含めた多くの工種に応じたマンパワーの確保、などなどが欠かせない。

私の勝手な思い込みといってよいが、当初は、先述したように宮城大学竹内研究室の「復興コミュニティアーキテクト」のグループに多くを期待したのである。ところが、彼らがとても忙しいようすなのを見聞きし、また、本格的な木造建築を目指すことや資金的な隘路があることから、私自身が前面に立ってプロジェクトをなんとか進めるしかない、と覚悟を決めた。

そんな窮地を救ってくれたのが、千葉政継さんである。千葉さんは、自ら設計事務所を営んでおり、設計責任者の役割を担ってくれた。ただ、自分の仕事があるので、要所要所でプロジェクトに携わってくれる方式だ。また、構造面では、私の友人である木構造の耐震化に関する専門家・佐久間順三さんを、また、施工面では、大学の後輩筋に当たり、東京日野市で「みどり建設」を経営している石井敬一さんをサポー

写真４-３　この日は、工事着手を前に、「なでしこ工房＆番屋」の基礎や設備などについて打ち合わせをおこなった。山谷事務局長、千葉さん、そして地元の大ベテラン岡渕さん。（２０１３年６月１日、撮影：太田龍馬）

ターにお願いして、私の経験不足を補う態勢を整えた。

今から考えてみても、見通しのはっきりしない自力建設に踏み切り、当初の予想をはるかに超えた時間（着工から2年半）がかかってしまったものの、プロジェクトを成し遂げることができたのは、上に挙げた3人の専門家を含め、長洞集落、元気村の人々をはじめ、後述するたくさんの人々の温かい支援があったからだ。しみじみありがたいことだと思う。なかでも、千葉さんには、その後も、「なでしこ工房&番屋」の完成に至るまで折にふれ、相談に乗ってもらったり、工事の段取りを整えてもらったりした。

こうして、それなりの資金やスケジュールの算段のもとに、建設会社と請負契約を結んで、出来上がりを待つ、という方法でなく、建て主サイドの人間が自ら設計・施工するセルフビルド、すなわち、建て主でもある元気村の人々と私たちボランタリーな支援者とが力を合わせ、自らつくるという、自力建設が苦しみながらもスタートした。

2 設計図の作成と建築確認申請、そしてようやくの着工（2013年春）

明けて2013年。私の長い長洞通いが始まった。1月の後半に、なでしこ会のメンバーを主体にした実施設計に向けてのワークショップをおこなった。また、建築確認申請の準備と実際の工事を視野に入れ、大船渡市にある岩手県の土木事務所を訪ねた。私のメモには、いささか専門的な話になるが、次のようなことが記されている。

図4－2　NPO復興まちづくり研究所会報第7号（2013年6月7日）

●●●ＮＰＯ復興まちづくり研究所会報第７号・設立１周年記念号・2013年（平成25年）6月7日●●

みなさま
お待たせしました。
NPO設立1周年
記念号です。

NPO/特定非営利活動法人/ FUKKOU MACHI-DUKURI KENKYUJO

復興まちづくり研究所会報

●●NPO FOR MAKING YOUR COMMUNITY SAFE AND BEAUTIFUL●●●●

第7号/2013年（平成25年）6月7日（金）設立1周年記念号

●私たちNPO復興まちづくり研究所が三井物産環境基金の助成を受け、昨秋から本格的に取組んでいる岩手県陸前高田市広田町／長洞（ながほら）集落における番屋づくりプロジェクトがいよいよ目に見える形になります。

●只出漁港のすぐ近くに位置する番屋の建設敷地一帯は、2011年3月11日の津波によって住宅28戸のほか、漁船、漁業施設、公民館など一切が流失してしまいました。今年、漁港近くにあった水田は、2年の空白を経て、稲が植えられました。南に海の見えるこの敷地には、延べ面積約120平方メートル、木造平屋建ての番屋（漁業集落である長洞の生業の復興・起業のための作業施設、来訪者のための漁業体験・交流等の場）が秋の竣工を目途につくられます。住宅の高台移転や復興公営住宅に関する支援とあわせ、私たちは、地元の人々の生業の復興・起業をも支援していきます。

番屋建設に向け、現場での作業が始まる。

番屋の敷地の地縄張りの作業を進める左から山谷明（当法人事務局長）、戸羽貢（「長洞元気村」村長）、千葉政継（建築家・当法人正会員）の各氏（5月28日）
PHOTO:R.OHTA

各方面から資金など、いっそうの支援を！

●このプロジェクトをつうじた集落支援の中心となり、企画、資金計画、建築の計画・設計、地元との調整、各種の申請手続き、工事の段取りなどに当たっているのは、当法人の山谷事務局長です。●山谷事務局長は「これまでの取組みを振り返り、「基礎工事、排水設備などの工事は、なんとか費用や段取りのめどがつきました。また、手続き面でも、建築確認を6月初めに取得するなど、若干遅れながらも、全体としては、地元の意を汲みながら、着々と進んでいます」としています。
●しかしながら、番屋全体の完成までに必要な費用は、まだまだ足りないのが現状です。山谷事務局長は「今後とも各方面へ支援を呼びかけていきたい」と決意を述べています。●また、地元の仮設集落「長洞元気村」村長の戸羽貢氏は「住まいの復興とあわせ、暮らし全体の復興・発展のためにも、ぜひ、この番屋づくりプロジェクトを成功させたい」と熱く語っています。

大船渡の県土木事務所を訪ねた。

私たちのプロジェクトが建築基準法に適うものである、との感触を得る。事務所の担当者から、①当地では、申請事務が非常に混んでいる。従って民間の指定確認検査機関に申請してほしい、②工事が急増しているので、とにかく浄化槽工事業者をキープしないといけない、③食品加工をおこなうのなら、早速保健所と協議したほうがよい、などのアドバイスを受ける。コストがだんだんアップしてしまう！

そんな経緯を経て、２０１３年5月下旬に建築確認が下り、併せて消防署、保健所との協議が進んでいく。６月には念願の基礎工事を始めることができた。

「なでしこ工房&番屋」の自力建設を私が中心となって進めるに当たっては、特に工事の開始からいわば「巡航速度」に至るまでの間は、先述した構造専門家の佐久間さん、みどり建設の石井さんとの緊密な連携が欠かせない。また、地元の建築関係業者にツテのある元気村村長・戸羽貢さん（鈑金工。以降、屋根の要所の工事などで大いに力を発揮）、優秀な気仙大工の一人であるワカメ養殖漁師の金野義雄さんらが救い主になってくれた。資材の入手、加工や納品の順番への配慮（うっかりすると半年待ちが当たり前）、資材の置き場の提供、などなど、建主サイドの人間といってよいのであるが、さすがに地元住民ならではの大きな力になってくれた。専業の大工である金野京一さんが折にふれ、難しい部分の造作などで面倒を見てくれたことも忘れられない。

また、自力建設で決して忘れてならないのは、数多くの建設ボランティアだ。

3 「みんなで梁を上げよう」（２０１３年秋）

たとえば、棟上げには多くの人手が必要である。村上誠二さんと相談し、10月半ばのある日を棟上げの日とすることに決め、村人に広く呼びかけることにした。義雄さんの技術指導で7～８人の村人が事前の準備をおこなう。そうこうしているうちに、静岡の青年団連絡会から10数名の体験訪問の申し込みがあり、早速手伝ってもらうことにする。

多くの人々が工事を手伝ってくれるのは本当に心強い。一人で材料を運び、コツコツ釘で留める、といったことでは建物の工事は一向に進まない。外壁の板張り一つをとっても、人海戦術で勢いをつけてやればどんどん進む。

なでしこ会のメンバーがいつものように、心づくしの昼食を用意してくれた。この日は、おにぎり、サンマのつみれ汁など。晴天の下、工事現場の中庭で、資材に腰かけて舌鼓を打つ。まるでピクニックのようである。別の日には、ホタテ貝の蒸しものだ。

11月初めには、千代田化工建設の若手社員30人が体験ツアーで訪れた。女性には、なでしこ会の柚餅子づくり、男性には外壁の板張りを手伝ってもらう。素晴らしいスピードで工事が進む。同様に、富士通システムズ・イーストのグループが40人の大部隊でやってくる。感謝、感謝である。

ただ、多くの人々が関われば関わるほど、その事前準備が大切で、それを担う私の負担は重くなっていく。

ところで、三陸地方で盛んにおこなわれているワカメの養殖は、3月から4月にかけてが収穫のスタートで、6月ごろまでが収穫の最盛期である。この準備が12月から本格的に始まる。この冬から春にかけての養殖ワカメのシーズンには、長洞の多くの家々は、猫の手も借りたい忙しさとなる。また、ワカメが一段落すると、今度はコンブの収穫で忙しくなる。そんなときには、元気村の人々は、「なでしこ工房&番屋」の工事になかなか付き合うことができない。それ以外の時期でも、たとえば、大工の心得のある人々などは、巨大な津波で生じた建設特需で引っ張りだこである。暮らしを立てるために、いろいろなところに日々稼ぎに出かけるか、いずれ仮設住宅を出ることを見越して自分の家をどうつくるかの算段で忙しい。なにせ、津波で一切合切を失い、仮設住宅で生活しているのだから。

考えてみれば至極当たり前のことであるが、元気村住民の支援を得るタイミングは、思いのほか難しいこともわかった。復興まちづくり研究所の会報第9号（2013年11月29日発行）には、次のように記されている。

みんなで梁を上げよう

■これまでお伝えしているように、私たちが3・11の直後から復興を支援している長洞《ながほら》集落（陸前高田市広田町）では、いま、「なでしこ工房&番屋」の建設工事が進んでいます。■三井物産環境基金の助成を活用し、今年12月末の竣工と稼働開

図４−３　NPO 復興まちづくり研究所会報第９号（2013 年 11 月 29 日）

●●●ＮＰＯ復興まちづくり研究所会報第９号　2013 年（平成 25 年）11 月 29 日（金）●●●

NPO／特定非営利活動法人 FUKKOU MACHI-DUKURI KENKYUJO

復興まちづくり研究所会報

長洞特集＆
伊豆大島への
エールも

●●●NPO FOR MAKING YOUR COMMUNITY SAFE AND BEAUTIFUL●

第9号／2013年(平成25年)11月29日(金)

■これまでお伝えしているように、私たちが3・11の直後から復興を支援している長洞(ながほら)集落(陸前高田市広田町)では、いま、「なでしこ工房＆番屋」の建設工事が進んでいます。■三井物産環境基金の助成を活用し、今年12月末の竣工と稼働開始をめざしています。■当NPOの山谷事務局長が中心となり、施設の企画段階から地元のなでしこ会のメンバーらと話し合いを重ね、設計、積算、建築確認申請、資材の発注や工事監理などの支援に取組んできました。■10月には、マンパワーを集中。仮設集落「長洞元気村」の住民のほか、集落の人々の応援(長洞には気仙大工の流れをくむ大工さんが多い)やボランティアなど多くの力を合わせ、工房の骨格づくりが完了。山谷事務局長は「なんとか目途が立ちました」と、安堵した表情です。

みんなで梁を上げよう

長洞集落では
「なでしこ工房＆番屋」
の建設が進んでいます。

●10月13日(日)秋晴れのもと、建設作業の合間に皆で昼ごはんを食べる。なでしこ会のメンバーが心を込めて作ってくれた秋刀魚のすり身汁とおむすびが美味しい。この日は、金野義雄さん、戸羽貢・元気村代表を中心に、集落の大工さん・元大工さん7～8人が作業を進めました。これに当NPOのメンバーが加わり、さらに、静岡青年団のボランティア10数名の応援を得るなどして、工事がいちだんとはかどりました。●山谷事務局長とともに施設の企画・設計の過程からこのプロジェクトに参画している千葉政継氏(建築家・正会員)は、「やっぱり木造は楽しい」と言いながら作業に加わりました。また、長洞元気村協議会事務局長の村上誠二さんは「よし、もう大丈夫。OKです」と満足そう。なでしこ会のメンバーも嬉しそうです。●向こう正面に立ち上がったのが「工房棟」、皆が腰掛けて昼ごはんを食べているのが次に建込みを予定していた「番屋棟」の基礎部分です。二つの棟の間の台形のスペースは、いずれ整備され、海～港に開けた快適な広場に生まれ変わる予定です。【長洞集落の地図(復興概念図)を次ページに掲載しました。】

1

始をめざしています。■当NPOの山谷事務局長が中心となり、施設の企画段階から地元のなでしこ会のメンバーらと話し合いを重ね、設計、積算、建築確認申請、資材の発注や工事監理などの支援に取り組んできました。■10月には、マンパワーを集中。仮設集落「長洞元気村」の住民のほか、集落の人々の応援（長洞には気仙大工の流れをくむ大工さんが多い）やボランティアなど多くの力を合わせ、工房の骨格づくりが完了。山谷事務局長は「なんとか目途が立ちました」と、安堵した表情です。

実際には、この会報と違って、竣工はさらに1年余りも伸びてしまったのであるが……。

3　遅々とした自力建設――支援と交流の輪の広がり

1　復興まちづくり研究所が資金の一部を用立てる（2013年秋）

こうしてプロジェクトが徐々に現実のものになるに従い、先々の資金調達が心配になってきた。

自力建設には、通常の建設ビジネスとは違って、マイペースでじっくりと納得のいくまで取り組み続ける、といったニュアンスがある。

確かに、緩やかな時間を生かし、マイペースでやる分にはいいのだが、資金はいつでも豊富にある、というわけにはいかない。また、あまり時間がかかると、なでしこ会のメンバーも次第に心配になり、それなりの苦情も出てくる。「山谷さん！　いつになったら出来上がるんですか」と訊かれることが多くなる。そんなとき、資金的な言い訳ばかりを言っているわけにもいかない。「そんなことはわかっていて始めたんじゃないの」と言われそうだ。もちろん、先述した長洞集落（元気村）の強者《つわもの》たちの忙しさを理由にはできない。

ところが、三井環境基金助成で得た６００万円余りの資金は、工事着手以前の諸官庁との折衝、基礎工事のための資材調達とマンパワー確保、そして私たちの活動資金で、かなりやせ細ってきていた。２泊３日で東京から長洞を訪ねると、どう節約しても、１人当たり４～５万円前後のお金がかかる。私は、月に何回も往復するのだからいたしかたない。棟上げから先の建設工程に金欠病の兆しがはっきりしてきた。

そこで、復興まちづくり研究所理事会の出番だ。東京・新宿区高田馬場の事務所に帰り、復興まちづくり研究所で週に一度開かれる運営会議で私が言い淀んでいると、濱田理事長、原副理事長をはじめ、長老格の大熊理事、鳥山、江田、平野など常連の理事が厳しく進捗状況と先の見通しを尋ねてくる。

結局、復興まちづくり研究所は、この年（２０１３年）10月4日に臨時の理事会を開き、「なでしこ工房＆番屋」の建設資金として総額１５０万円を調達し、無利子で元気村に貸し付けることを決めた。理事長の濱田の50万円を筆頭に、私を含め７人の理事がそれぞれお金を持ち寄り、工面するといった具合である（この緊急融資については、

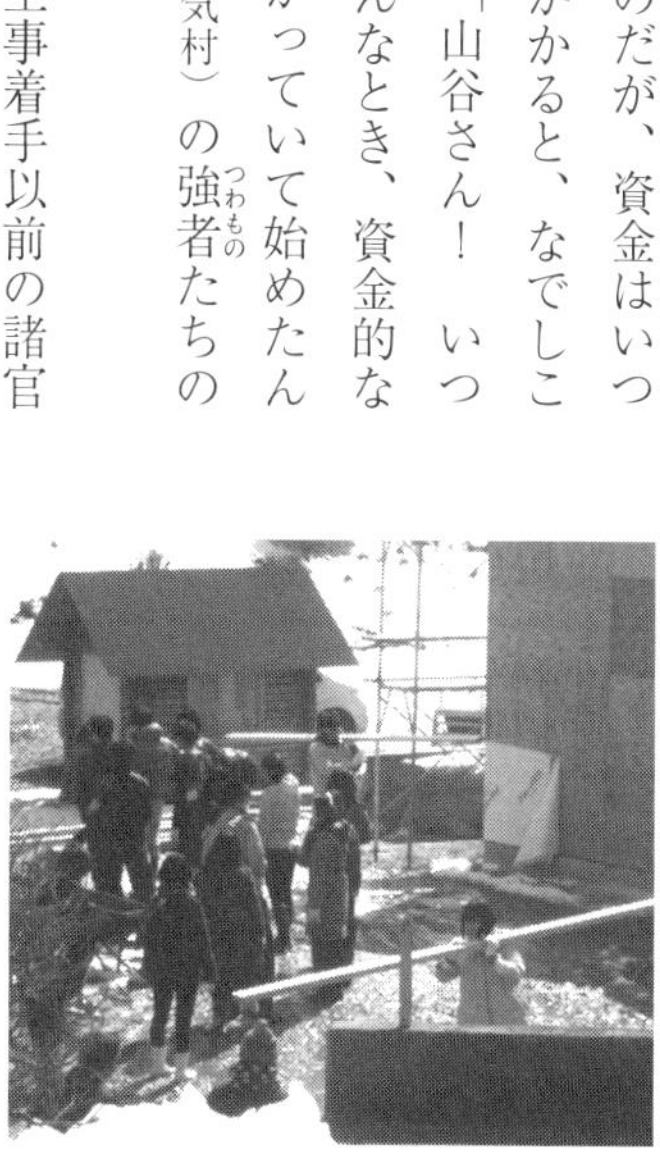

写真４－４　作業を進める建設ボランティア。周りは雪が残る。（２０１４年３月）

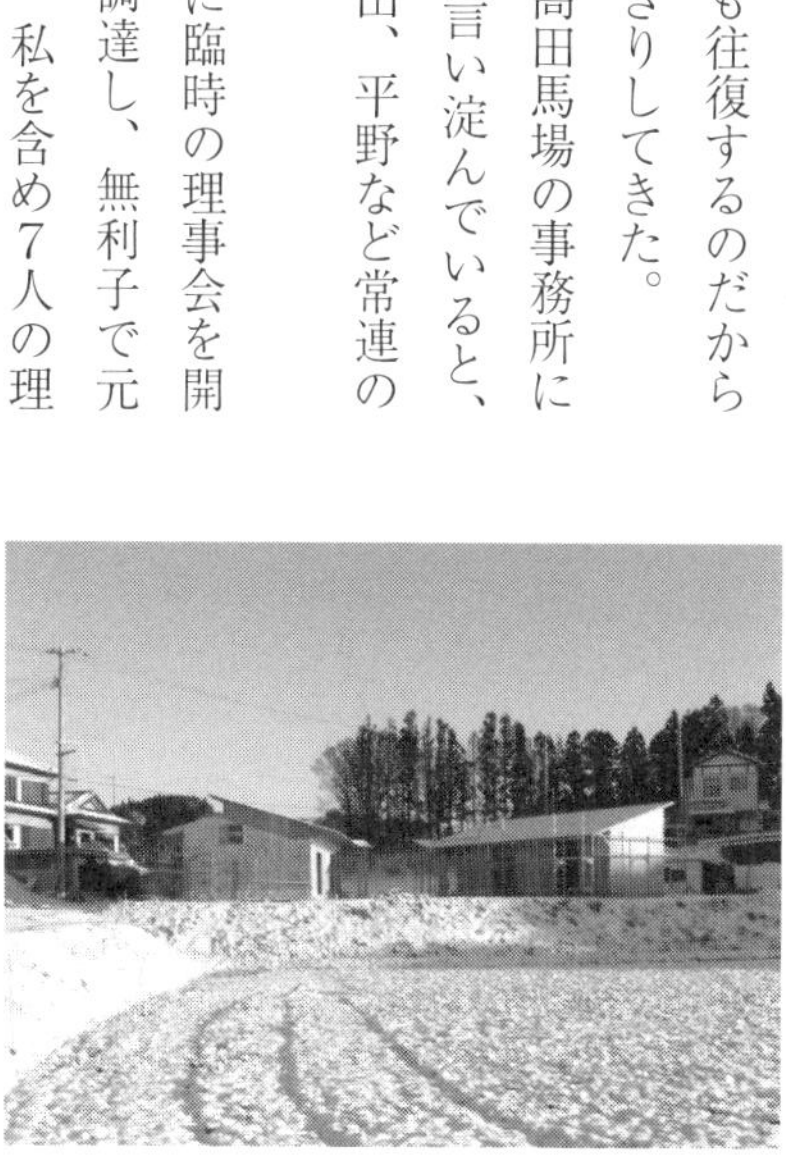

写真４－５　雪景色。まだ外壁が仕上がっていない。（２０１４年３月）

その一年半後に元気村から全額が返済された）。後にも先にもこうした切羽詰まった事態はない。これで少しは「なでしこ工房&番屋」の工事が再び軌道に乗るはずだ。

もちろん、復興まちづくり研究所の理事など中核となる面々が「カネは出すが、力は出さない」というわけではない。復興懇談会などで長洞を訪ねる時は、理事長の濱田や原副理事長が率先して建設を手伝った。たとえば、外壁の防水シートのホチキス止め、杉板の防腐塗料塗りなどを寸暇を惜しんで進めてくれた。東京・高田馬場の復興まちづくり研究所の事務所では、会報づくりを担当する鳥山理事が工事の進捗状況を掲載。ホームページなどで、「なでしこ工房&番屋」の自力建設を発信している。また、東京都職員ＯＢ（現・非常勤）の平野理事は、国際女性建築家会議（ＵＩＦＡ）の長洞見学の調整役を引き受ける、といったように、自力建設の期間を通じ、組織を挙げて応援してくれた。また、ＮＰＯ復興まちづくり研究所の正会員、賛助会員、ご寄付を頂戴した方々など、80名余りの皆さんのご支援があったことを忘れてはならないと思う。

写真4-6　ＮＰＯ復興まちづくり研究所での役員の打ち合わせ。東京・新宿区高田馬場。（２０１３年８月）

2 工事を介しての交流が盛んに（２０１４年春〜秋）

被災から丸3年が経った。長洞では、まだ春ともいえない２０１４年3月初旬のことである。元気村に大勢の来訪申し込みがあった。連絡を受けた私は、早速事前準備の打ち合わせに長洞を訪れた。10日ほど後に、札幌から修学旅行の中学生が30人、その２日後にはボランティア団体「チャリティーサンタ」の若者がなんと50人来るという。彼らのために急づくりのトイレなどを用意する。50人分の作業を想定し、材料をそろえ、作業の段取り・割り振りを考える。これは実際には大変なことである。

彼らには「なでしこ工房＆番屋」の二つの棟に囲まれたハの字型の中庭に面した部分にぐるりと巡らせるウッドデッキのための部材をつくってもらうことにし、そのための木材や塗料の確保、わかりやすい工事の段取りなどの用意をする。ウッドデッキができれば、軒先でいろいろな活動がしやすくなり、とても豊かな空間になるだろう。

この頃の私のメモは、以下の通りだ。

３月22日　晴れ　９ＡＭ　残雪の中をボランティア一行のバスが来る。早速、手はずどおりに作業班編成して行動開始。ハの字型の広場周りの土木的作業は力仕事。材料の防腐塗装も気温が下がると水仕事なので苦労多し。デッキの松材は重い。荷解き・塗装・乾燥作業とみんなでリレー。各班昼前に作業完了！　番屋棟で、前日に用意しておいた椅子を出して昼食。その後、元気村事務局長の村上誠二さんがプロジェクターを使って講義をする。番屋棟が初めてレクチャールームに変身した瞬間である。

春の椿事のような大集団の作業によってウッドデッキの材料がそろった。その後も多くの人々が訪れて自力建設を手伝ってくれた。５月29日　千代田化工建設のグループ20人が来訪。ウッドデッキをカットして留めつける。作業２班、デッキ基礎づくり岡渕さんの助手１班、塗装作業１班、柚餅子づくり１班、計５班で作業。予定時間内に目標をほぼ達成。

柚餅子づくりは、なでしこ会のお手伝いである。

6月には富士通労組のボランティア集団が来て番屋棟のデッキを完成させてくれた。7月下旬には富士通システムズ・イーストのボランティア約20名が来訪。外壁の防水紙の上に杉板張りをするため、下準備を進めてくれた。

工事を手伝っているときの若い彼らを見ていると、一人ひとりが輝いている。彼らはきっと大きく伸びていくだろうと感じる。もちろん彼らを送り出す企業の側でも期待をかけているのだろう。阪神・淡路大震災の直後、私も被災地に入り、神戸港にたくさん置かれているコンテナを仮設住宅に転用できないか、多方面に働きかけたりしたのであるが、「ボランティア元年」と言われた当時とまた一味違って、明るく、何よりずっと自然体だ。

以上のような来訪者の参加によって、「なでしこ工房&番屋」の自力建設が進むと同時に、元気村住民やなでしこ会のメンバーと来訪者との交流の輪がどんどん広がっていった。

マンパワーの不足や資金的な問題から、「なでしこ工房&番屋」の着工から完成までには、当初の予定をはるかに超え、2年半にわたる時間を費やすことになった。

プロジェクト推進の中心を担った私としては申し訳ないと思う。と同時に、時間がかかっただけ、元気村の人々と来訪者との交流をいっそう広め、深めたことは、これまた想定外の成果だと思う。私は、結果として、そうした貴重な広がりの陰の仕掛け

写真4-7　若者たちが外壁のシート張りに挑戦。（2014年初夏）

写真4-8　少しでも工事を進めたい、との思いから濱田理事長、原副理事長が率先して防水シート張り。（2014年7月）

人をも担ったことになる。

3 完成に向けて――埼玉のプロ集団との出会い（２０１４年秋〜２０１５年春）

３・11から3年半余り後の２０１４年秋。この頃には、集落の高台に市が造成していた防災集団移転促進事業の敷地に次々と元気村住民の（恒久）住宅が建てられつつあった。元気村住民の多くが、自分の住宅の再建で頭がいっぱいになり、なかなか「なでしこ工房＆番屋」にまで手が回らない。仮設住宅団地・元気村は、活動の拠点であった集会所も含め、取り壊されることが具体的な日程に上ってきた。「なでしこ工房＆番屋」の完成を急がないといけない。

しかし、残された難問、すなわち、番屋棟の外壁仕上げや建具づくり、そして番屋棟と工房棟とをつなぐ、いわば「なでしこ工房＆番屋」の要《かなめ》（それはハの字型の中庭への玄関口であるが）をつくるという難しい作業工程をどう解決したらよいのか。

このような時期に大きな力を発揮してくれたのが、埼玉土建一般労働組合・狭山支部のプロ集団である。

狭山市在住の鳥山理事のツテで私が彼らと出会ったのは、２０１４年の秋であった。支部の長老格・佐藤敏昭氏の仲立ちで、国道16号に面する支部の事務所を私と鳥山理事が訪ねた。

最初は、なんで私たちが、と、怪訝な顔をしていた支部の人々であったが、二人が事務所を辞する頃には、具体的にどう支援できるかとの相談を支部で進めてくれることになった。大工、左官、タイル工、塗装工、といずれもベテランぞろいである。彼らが味方になってくれるのは本当に心強いことだ。支部事務所を後にしたその夜、私と鳥山理事が乾杯したことは言うまでもない。

支部の人々は、早速、この年（２０１４年）の10月半ば、７人が元気村を訪れた。そして、番屋棟の外壁や建具づくりを進めてくれた。さすがにプロ集団である。あっという間に作業が進む。加えて、今回、初めての長洞行きということもあり、準備が十分できなかったりしたことは、後日ぜひ片付けたい、と嬉しい約束をしてくれた。

事実、それ以降、埼玉土建・狭山支部の人々は、「なでしこ工房&番屋」の建設にとどまらず、第２章などでも述べた村上道一さんのトレーラーハウス２基を活用した高台移転住宅の建設（図２－11）に至るまで、何度も長洞を訪れて面倒を見てくれることになった。

私は、彼らの最初の長洞行きに付き合った。資材を運ぶとともに、交通費を節約する意味もあって、彼らは、軽トラックなどを連ねて長洞に向かうのだが、以後、私も何度か片道８時間余りの行程を共にした。

彼らがこのときに泊まったのは元気村村長・戸羽貢さんの鈑金工場の２階である。「寒かったぜ」とぼやきも出たが、なでしこ会のメンバーが夕食にふるまってくれた鱈の白子の天ぷらの美味しさを私たちは、後日、ずいぶん聞かされたものだ。

12月には、工房棟に電気が入り、夜には電灯がともるようになった。ようやく工房棟での調理・加工作業がいつでも可能になった。

年が明け、しばらくした２０１５年２月、埼玉土建・狭山支部の面々は、再び長洞

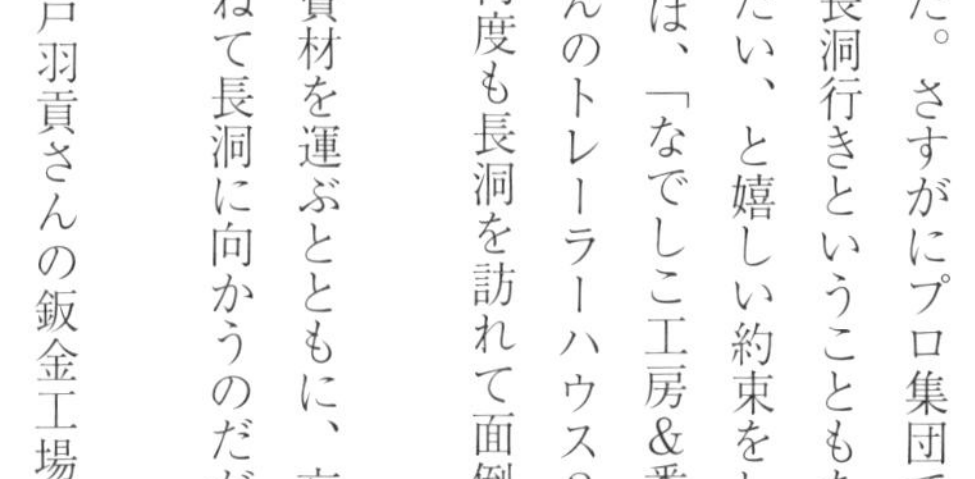

写真４－９　工房棟にようやく電気が入り、建物らしくなった。（２０１４年12月）

に来訪。元気村仮設住宅の撤収前に、番屋棟の外壁工事を終わらせてくれた。

さらに、5月から8月にかけて、メンバーの一人・片岸教弘《みつひろ》さんが何度か元気村を訪問し、難題として残されていた残りの木工事（ハの字状に配置した工房棟、番屋棟とを結ぶ要部分＝エントランス、建具造作など）をつくり上げてくれた。

私は、メモに次のように記した。

5月30日　土建組合の大工さん（片岸さん）の助力で難題解決！
（元気村村長・戸羽）貢さんも鈑金工事で活躍。エントランス、建具造作など完成。
ＩＴボランティアの有志　塗装手伝い。

片岸さんは、埼玉県所沢市で工務店を営む大工の棟梁である。埼玉土建・狭山支部のメンバーとは昵懇の仲であり、「なでしこ工房＆番屋」の建設にボランティアとして参加してくれた。片岸さんは遠野の出身。出身地である岩手県の復興のために、と、一肌脱いでくれたのである。

工房棟と番屋棟とは約40度の角度で交わっているので、その交点となるエントランスの骨組み、屋根づくりなどは案外難しい。地元の人々は、ワカメ、コンブの収穫と続いて忙しく、また自分の家の工事や引っ越しで、とても工事に携わることができない。そんななか、さすがに片岸さんは、どんどん難しい作業を進めてくれる。

なでしこ会のリーダーの一人、村上陽子さんは、こう語っている。

写真４-10　埼玉土建・狭山支部の助っ人が来訪。外壁を完成させてくれた。夕食は、なでしこ工房で。なでしこ会の料理で大いに盛り上がった。（２０１５年２月）

片岸さんには埼玉からはるばるおいでいただき、感謝に堪えません。実は、私の新しい住まいも少し離れた高台にようやく完成し、仮設住宅から引っ越するところまできました。そんなことで手いっぱいですが、片岸さんが最後に残された難しい工事をやっているのをしばらくの間、頼もしく眺めていました。
（復興まちづくり研究所会報第14号　２０１５年６月18日発行）

また、片岸さんは、

前回（2月21、22日）埼玉土建組合狭山支部の人たちと外装工事の手伝いに来ました。私は遠野市に実家があるので、しばしばこの近くに来る機会があります。こうした形で郷土の復興のお役に立てるのは、私にとって、感慨深いものがあります。竣工の暁には、仲間と竣工のお祝いに駆けつけたいと思います。（同会報）

私も、片岸さんへの感謝と、村長・戸羽貢さんによる屋根の鈑金工事について、また、ボランティアの皆さんに感謝の言葉を同じ会報第14号に並べてもらった。また、この会報の2ページ目には、ITボランティアたちの活躍についても、忘れずに、という気持ちを込めて掲載した。ITボランティアの人々は、本業の傍ら、本当に熱心に取り組んでもらった。もちろん、片岸さんたちのような難しいことは無理だとしても、雨戸の塗装など、シンプルだが、手間がかかる仕上げの作業を丁寧に進めてくれた。感謝に堪えない。

写真4-11　ITボランティアのグループが本業の傍ら、雨戸を塗装してくれた。（２０１５年６月）

図4－4　NPO 復興まちづくり研究所会報第 14 号（2015 年 6 月 18 日）

●●●ＮＰＯ復興まちづくり研究所会報第 14 号　2015 年（平成 27 年）6 月 18 日（木）●●●●

NPO／特定非営利活動法人 FUKKOU MACHI-DUKURI KENKYUJO

復興まちづくり研究所会報

●●●NPO MAKING YOUR COMMUNITY SAFE AND BEAUTIFUL●●●●

第 14 号 2015（平成 27 年）年 6 月 18 日（木）

◆長洞（ながほら）集落（陸前高田市広田町）の「なでしこ工房＆番屋」建設工事の最終局面――工房棟と番屋棟とをつなぐエントランス・ゲートの棟上げです。二人は、当NPOの山谷事務局長（手前）と片岸教弘（かたぎし・みつひろ）さん。遠野市出身、いまは埼玉県所沢市に住む大工さんです。◆これまでこの建設工事をボランティアとして数多くの皆さんが応援してくれましたが、片岸さんは、そうしたボランティアグループのひとつ埼玉土建一般労働組合・狭山支部のツテで駆けつけてくれました。出身地である岩手県の被災者のために一肌脱いでくれたのです。◆工房棟と番屋棟は、扇状に、40度ほどの角度で配置されているため、2棟をつなぐエントランス・ゲートは、難しい工事なのです。が、プロが頑張るとこのとおり。◆地元のメンバーの姿が見えない、って？いまはワカメの収穫がようやく一段落したものの、次はコンブの収穫、そして新しい住宅への引越し、と大忙し。工事をなんとか進められるのも片岸さんのおかげです。この前々日には、千代田化工建設のグループが環境整備の応援をしてくれたとのこと。被災住民の皆さんにとってはたいへん心強いことでしょう。次ページの写真も参照ください。

これがプロの仕事だ・・・

埼玉の大工さんが長洞集落の「なでしこ工房＆番屋」建設の最終局面を応援

↑「なでしこ工房＆番屋」建設の最終局面～エントランス・ゲートの棟上げ工事。山谷事務局長（左）と大工の片岸さん（5 月 30 日）　写真提供；村上陽子さん

●私たちNPO復興まちづくり研究所は、一昨年秋、理事会の議決を経て、元気村協議会に対し「なでしこ工房＆番屋」の建設資材の購入を目的とする緊急的な資金調達を行いました（会報第9号／2013年11月29日発行に掲載）。今回、この会報に掲載したような状況のもと、工事は大幅に遅れましたが、5月にすべての調達資金が返還されました。

↑海側から見たエントランス・ゲート
いわば扇のカナメ。左が工房棟、右が番屋棟。２棟は既に一部を稼働させている。（5 月 30 日（日））

◆村上陽子さん（元気村なでしこ会）

片岸さんには埼玉からはるばるおいでいただき、感謝にたえません。実は、私の新しい住まいも少し離れた高台にようやく完成し、仮設住宅から引越しするところまできました。そんなことで手一杯ですが、片岸さんが最後に残された難しい工事をやっているのをしばらくの間、頼もしく眺めていました。

◆片岸教弘さん

前回（2月21、22日）埼玉土建組合狭山支部の人達と外装工事の手伝いに来ました。私は、遠野市に実家があるので、しばしばこの近くに来る機会があります。こうした形で郷土の復興のお役にたてるのは、私にとって、感慨深いものがあります。竣工の暁には、仲間と竣工のお祝いに駆けつけたいと思います。

◆山谷明事務局長

今回の工事は、「扇のカナメ」になるエントランスの組上げと雨戸（ガラリ戸）の取り付けです。いずれも大工の技量が求められるところですが、片岸さんのおかげでこの難関も突破できました。後は、村長（戸羽　貢）さんに屋根をお願いし、ボランティアさんにウッドデッキのつなぎを手伝ってもらえばいよいよ完成。これこそ沢山の人の手によって出来る「みんなの家」です。

1

4 「なでしこ工房&番屋」の完成（2015年秋～2016年春）

以上のいきさつを経て、ようやく2015年9月、「なでしこ工房&番屋」は、建築基準法で定める指定確認検査機関の完了検査を受け、17日には合格して検査済証が交付された。2012年秋に実施設計をスタートさせてからほぼ3年がたっていた。

電気工事や給排水・衛生設備など、設備系工事のことは、本書でほとんど記すことができなかったが、いろいろな業種の専門家、そして、多くのボランティアの方々にお世話になった。

「なでしこ工房&番屋」の工房棟の作業室には、中央に、真新しいステンレスの作業テーブルが置かれ、周囲には多様な機材が整然と並んでいる。ここで、昼間はなでしこ会のメンバーが柚餅子づくりや海産物の加工にいそしんでいる。都市の人々に向け、「元気便」を発送する手はずもこの工房棟で整える。また、番屋棟では、仲間のちょっとした寄り合いがおこなわれるのはもちろん、数多くの来訪者を受け入れ、語り部などが活躍する。私たち復興まちづくり研究所との打ち合わせの会場も番屋棟だ。

私たち復興まちづくり研究所は、2012年5月にNPO（特定非営利活動法人）を設立し、東京・新宿区の高田馬場に事務所を構えたのだが、2015年暮れにこの事務所を閉鎖し、2016年6月に開催した通常総会をもってNPO法人を解散することとした。法人格を維持する必要性が薄れてきたこと、また財政的にも、たとえば、会員に十分なサービスが難しくなったこと、などからである。できる限り長洞集落の

図4－5　NPO 復興まちづくり研究所会報第 15 号（2015 年 12 月 11 日）

●●●ＮＰＯ復興まちづくり研究所会報第 15 号　2015 年（平成 27 年）12 月 11 日（金）●●●●

NPO／特定非営利活動法人 FUKKOU MACHI－DUKURI KENYKUJO

復興まちづくり研究所会報

皆様
どうか
良いお年を！

●●NPO MAKING YOUR COMMUNITY SAFE AND BEAUTIFUL●●●●

第 15 号／2015 年(平成 27 年) 12 月 11 日(金)

◆陸前高田市広田町長洞(ながほら)集落の「なでしこ工房＆番屋」(木造平屋　延べ面積約110㎡)がようやく竣工しました。2012 年(平成 24 年)秋に敷地の実測、設計などを開始。集落の人びとによる自力建設をめざし着工してから2年半です。

◆この間、三井物産環境基金の助成、復興庁の「新しい東北」先導モデル事業の補助などを得るとともに、集落内外の数多くの人びとの支援を受け、建設工事を続けてきました。9月はじめには、建築基準法にもとづく指定機関の完了検査に合格。晴れて建物全体の利用が可能になりました。なでしこ会をはじめ集落の人びとの居場所づくり、出番づくりの本格稼働です。

「なでしこ工房＆番屋」が本格稼働へ

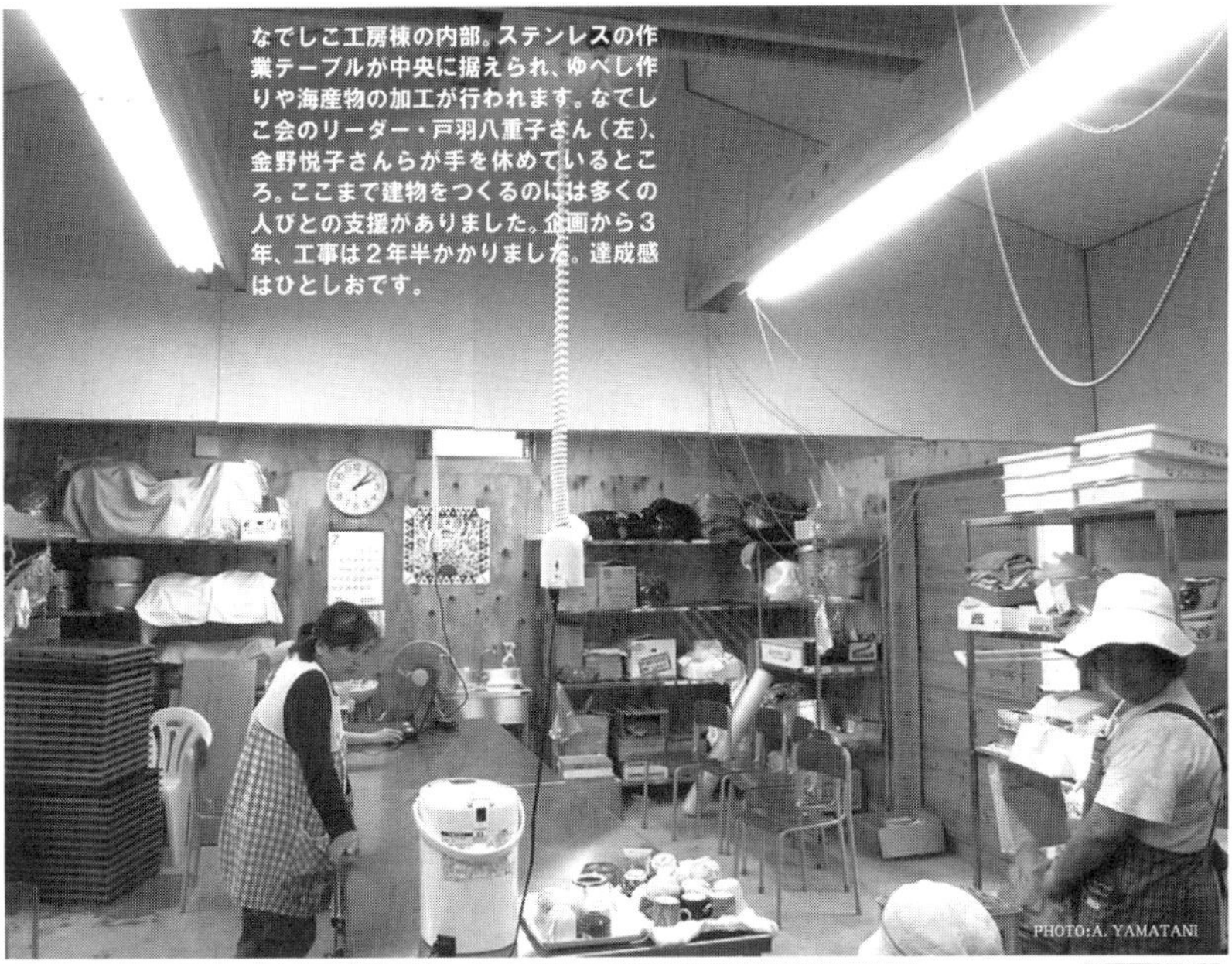

なでしこ工房棟の内部。ステンレスの作業テーブルが中央に据えられ、ゆべし作りや海産物の加工が行われます。なでしこ会のリーダー・戸羽八重子さん（左）、金野悦子さんらが手を休めているところ。ここまで建物をつくるのにはは多くの人びとの支援がありました。企画から3年、工事は２年半かかりました。達成感はひとしおです。

↑7月に撮影した「なでしこ工房＆番屋」の全景。2012 年秋に実施設計などをスタート。今年9月に完成。外形は、ほぼこの状態です。ハの字につくられた建物の中庭は、左の写真のように格好の野外作業スペースです。

工房の内外で「なでしこ会」のメンバーの作業が進みます。左；長洞元気便の発送準備、右；ボランティアとともに干柿つくり。指導は村上とよみさん。　（写真；なでしこ会のブログより）

1

人々とのコミュニケートを続ける、また、本書を何とか世に送り出す、などの活動は継続しながらも、やはり、その活動レベルをNPOのときと同じように維持することはできない。

そんななか、「なでしこ工房&番屋」を訪れると、私たちが高田馬場にNPOの事務所を開設した際に、私がデザインし、格段の廉価でみどり建設に仕上げてもらった大テーブルや書棚が移設され、役立っている。

2015年の暮れの事務所の閉鎖に伴い、それらを元気村に寄付しようということになり、埼玉土建・狭山支部の片岸さん、佐藤さん、加藤武美さんたちにお願いし、元気村に運んでもらったものだ。私たちが3年半余り使ったそれらの家具が元気村で第二の居場所を見つけたのである。私たち復興まちづくり研究所のスピリットが元気村でしっかりと受け継がれているようで、大変うれしくなった。

そういえば、3・11直後に、当時、宮城大学の竹内准教授が取り組んだ南三陸町志津川の番屋づくりプロジェクトに際して寄付された、という高級バスユニットが竹内准教授のツテで、ほとんど新品のまま、「なでしこ工房&番屋」に回ってきた。これも、村長の戸羽貢さん（鈑金工）、大工の金野京一さんらによってタイミングよく「なでしこ工房&番屋」の番屋棟へ組み込むことができ、とても立派な装備となった。従って、竹内准教授らの「復興コミュニティアーキテクト」の意志をも「なでしこ工房&番屋」は受け継いでいるといえる。

3・11のあまりに大きな爪痕からすると、以上に述べた「なでしこ工房&番屋」の自力建設を巡る元気村の人々、私たち、また、共に活動した多くの人々が成し遂げたことは、ごくささやかなものであるかもしれない。しかし、それを支えた熱い思いは、これからも、きっと多くの人々に語り継がれるだろう。

「なでしこ工房&番屋」建設プロジェクトを振り返って

――山谷　明

「なでしこ工房&番屋」の建設は、着工から2年半、構想段階を入れると3年半に及ぶ長丁場のプロジェクトになった。

私は、このプロジェクトの推進を担当してきた者として、ようやくここまでたどり着いたという安堵と解放感を感じている。と同時に、果たしてこれは長洞復興に役立ったのか、復興を遅らせたとまでは言わないが、復興支援のあり方として本当に妥当だったのか、という思いも持ち続けている。この思いへの答えはきっとすぐには出ないだろう。結論をしばし棚上げして、このような特異ともいえる取り組みが実現したのはなぜか、その背景や条件について考えてみたい。

1　集落の復興と「なでしこ工房&番屋」

このプロジェクトは、元気村における年配の女性グループ・なでしこ会の活動を継続・発展させることが、村の暮らしの復興につながるという発想で取り組まれた。

なぜ、女性の活動が集落復興を導くバネになるのか。

打ちのめされた状態から、まず女性が立ち直り、目前の暮らしを具体的に動かす姿は、阪神・淡路大震災以来よく目にする。それは、女性の生命力の強さだと言われたりしたが、なでしこ会の場合には説明不足だ。

なでしこ会の活動は、直ちに「生業《なりわい》」の復活につながる。生業とは、集落の前の海と集落の田畑からの生産物を基本にした経済活動であるが、産業と呼ぶほどの規模を持たない。この経済活動は、共同作業によって運営される。共同作業が成立するためには、メンバーの社会的関係が円滑に保たれている必要がある。そこには、この村に引き継がれてきた生活文化をベースにする広義の自治が営まれている。

なでしこ会は、仮設住宅団地・長洞元気村の元気村協議会という自治組織と表裏一体といってよい。そこでは、男女の格差のほとんどない自治意識が浸透しているようだ。

集落（村）とは、森や田畑や水路、そして海といった共同の環境（コモンズ）の上に共同作業を展開する総合的な生活の営みだ。村人は、私たちのように大都市に住み、あまりにも分業化が進んだなかにいるのと違って、衣食住をはじめ、暮らしを構成する要素全体がずっと身近にある。だから窮地に立っても、何らかのコモンズと共同の意識があれば、そのうち、各々が手がかりを見つけ、脱することが容易である。村の暮らしの復興には、こうした共同性を基礎とする営みの回復・増幅が一番の早道である。

なでしこ会は、被災直後、集落内の被災しなかった家々に分宿した（避難所の開設は求めなかった）のであるが、その後、仮設住宅団地・元気村が開村するなかで、いち早く「土曜市」や来訪者への対応といった共同の営みを開始していた。訪れたボランティアたちは「被災者なのに何というヴィヴィッドな生活」「生活とは本来こういうことだったのか」と驚き、惹きつけられ、また訪れる。こうした反応の連鎖的広がりが、元気村となでしこ会の「交流力」をさらに強いものにし続けた。

しかし、一切を津波で失ったなでしこ会の人々は、恒久的という意味での共同の作業所や集いの場といったコモンズを、仮設住宅団地・元気村の外に、改めてつくらねばならなかった。それを旧来から備えていた集落の力と、私たち来訪者との交流の中から成し遂げたのが「なでしこ工房&番屋」プロジェクトだった。

2　自力建設という生き方

今回、「交流力」をエネルギーにして実現した自力建設とは何か。

一般に、住宅など建物を手に入れようとするとき、建設業者と請負契約を結ぶ。これは、従来から棟梁（職人経営者）との信用取引としておこなわれている。性能や出来栄えは職人の技を信用して支払いを約束するやり方である。

現代（あるいは都市）では、パッケージ化された建物の完成像を、図や映像、性能表や価格表といったデータで確認して契約する。これは商品を購入する様式と同じである。私たちは、衣食住、つまり、生活に要するあらゆるものが商品として現われる生活様式の中にいる。自力建設は、このような生活様式から逸脱した行為である。

「なでしこ工房&番屋」の建設を発意した時点で、元気村にも、支援する私たち復興まちづくり研究所にも、建物をパッケージとして購入する資金はなかった。しかし、なでしこ会の共同作業場をつくること自体を不可能だとは思わなかった。

村では、どうしても必要なものは自分でつくる。市場での購入ができなければ、つくればよい。発注者と請負者に分ける必要はない。次のような条件でモノづくりの関係を修正すればよいのだ。

①材木や道具、経費など原材料費は、あの手この手で集めよう。集められる。

②技術力、労働力は、村に気仙大工がたくさんいるし、共同作業はお手のものだ。

よし、やれそうだという判断が先行した。ところが、①については、三井物産環境基金をはじめ、いくつかの助成が受けられたものの、合わせても総予算の半分ぐらいではないか。②については、蓋を開けてみると、村の男衆は超多忙で、早々に容易ではないことが判明する。が、「まずは、やれるところまでやって、また考えよう」という方針が採用される。

以上の判断は、近代的な計画概念から外れているかもしれない。だが、ここでは、近代的生活様式が支配する以前に生活を成立させていた集落の論理あるいは村の生活感覚が生きていた。そこで、プロジェクトは実行に移されることになった。この集落の論理あるいは村の生活感覚といったもの（原型）は、実は廃れかかっていたものなのかもしれない。ところが、思わぬ大震災が原型を引き戻したといえまいか。つまり、村の論理だけでは、限界に突き当たっていたものを、原型を見たり、感じたりした村の外の人々との出会い・交流によって乗り越えることができたのだと思う。

「なでしこ工房&番屋」プロジェクトは、たとえば、大きな災害によって、私たちの生活が激しく破壊され、そこから立ち直ろうとする時、あるいは、私たちの暮らし方を見直すときの示唆に富む例示と位置付けたい。元気村となでしこ会は、私たちにコミュニティのつながりのなかで暮らすことのリアリティを示してくれた。と同時に、コミュニティを意識せずに暮らす現代都市の不自然さを照射したのである。

3「なでしこ工房&番屋」のデザインポリシー

私の役割の一つはデザインである。ここでは、なでしこ会とのワークショップなどを経てまとめた「なでしこ工房&番屋」のデザインについて、私の考えを簡単に述べてみたい。

デザインとは、その建設行為の目標像を示し、その共有を図るところから始まる。そして、建設過程の全局面において、目標像に到達すべき判断をし続ける営みである。「なでしこ工房&番屋」における判断の根拠であるデザインポリシーは、次のようなものであった。

①集落と海を指し示すように2棟を開き、広場をつくる配置とした。この配置

が基本のポリシーだ。この土地＝敷地（元気村村長・戸羽貢さんの所有地の一部）がこのような「たたずまい」を暗示していたものだ。

②開口部（主に窓）は建物の表情を決定する。ここでは窓からの眺めを原則的に重要視しないことにした。この土地の広々とした視界は、広場に出て全身で感じ取らなければならない。建物からの視線は、まず広場に向かう。部屋には風が吹き抜けるべきだ。特に、工房（加工場）棟は、採光と上に抜ける風の性質を生かすため、天窓を使いたい。また、片開きドアよりもつくるのに手間のかかる引き戸を優先した。これで人や物の出入りがずっとスムーズになるだろう。

③みんなでつくることを前提に、高度な技術をできるだけ使わず、木造のシンプルな架構で構成する。そして、広場を囲うように各棟の屋根勾配と庇の長さを決める。内装は、木造の手作り状態を素朴に露出する。ただ、外装は、木の質感が表れる板張りにする。

④幅１・５メートルほどのウッドデッキのある交流空間をつくる。ウッドデッキが工房棟の前にできれば、人や物の出入りがよりスムーズになり、食事の準備も配膳もしやすくなる。同様に、番屋棟にできれば、半戸外の材料や道具の置場、加工スペースとなる。２棟のデッキが完成すれば、それらデッキが囲む砂利敷きの広場は、食事や歓談ができる格好の交流の場となるだろう。

４　建設しながら稼働するなでしこスタイル

このプロジェクトは、もとより、なでしこ会及び元気村の活動拠点づくりである。ハード面での施設建設が第一ではあるが、併せて地場産品の生産・販売体制や体験・交流プログラムづくりといった、いわゆるソフト面の継続・発展を図る狙いもある。

体験・交流プログラムは、なでしこ会と元気村の活動をワンセットで経験できるサービスだが、それは次のような経緯で生まれた。

復興まちづくり研究所の会員である東京・世田谷区の市民グループから、長洞へのボランティアツアーをしたいという提案があった。これに対し、元気村側では、津波による被災状況を説明しながら集落を案内する「語り部ツアー」と、ワカメの芯抜き作業を手伝う（教わる）「体験プログラム」を企画し、２０１３年７月に初めて実験的に実施した。

この体験・交流プログラムは評判になり、その後、多くのグループが訪れるようになった。参加は、市民団体、大学・教育関係グループ、企業研修の団体など多方面に及ぶ。プログラムは、県内のバス事業者と連携した「被災地バスツアー」の重要アイテムを担うことになり、村には、団体による来訪が周期化するようになってきた。また、作業体験の対象となったワカメや柚餅子をパックしたお土産品が好評を得て、季節の産物を定期的に発送する販売システム「長洞元気便」を生み出すことにつながった。こうして、実験は、直ちに連続的な実施に発展し、多くの支援者や協力者が現れ、活動は広く展開していった。

以上のような体験・交流プログラムが、ボランティアによる建設工程を組む

「元気村方式」を可能にしたのである。

5　都市に問いかけるもの

「なでしこ工房&番屋」は、村の力と村の外の力の協働で実現した。この建物が新しい生活の場として定着するのか、若い世代とつながって復興の実体をつくり出していけるのかは、これからの長い時間で見なければならない。そうしたとき、重要なポイントは、村と村の外（都市）との関わりが何を生み出すのかである。

カギは、都市の側にありそうだ。大災害を知って私たちは衝撃を受けるが、その現実から逃れようとするよりも、現地に心が向かう。まずは助けようとする本能的な反応が先に立つからだ。しかし、現地を何度か訪れるうちに、助ける・助けられるという関係は意味を失い、窮地から立ち直ろうとする行為に深く共鳴していく。長洞集落に数週間暮らせば、本来の生活を被災者が自ら取り戻していくプロセスが見えてくるだろう。

集落の人々は、自分の生活がどう成り立っているのかをよく知っており、どう立て直すかもその基本は分かっている。従って、少しのバックアップがあれば自ら動き出す。自力建設は、そうした普段の生き方の応用編の一つだったというわけだ。

翻って、都市に暮らす私たちはどうか。高度に人工的な環境に住み、細分化された仕事に携わり、「消費者」として暮らしている私たちが、いったん根こそぎにされた生活の全体像を自ら組み直すのは極めて難しいのではないか。

何とかしなければならないのは都市の方だ。壊れたり、希薄になっている地域の人々とのつながりをつくり直さなければならない。それは、私たちがいうところの「まちづくり」であるが、それにはたくさんの既成の社会関係の改善、たくさんの意識のリフレッシュが必要だ。長洞集落からは、そのヒントが見いだせるはずだ。そんな意味で、「なでしこ工房&番屋」の建物の完成は、私たちにさまざまな取り組みの可能性を示していると思う。

これまで集落と都市の間には、あまりにも一方的な関係が続いてきたために、集落は衰微に向かい、都市は過剰の中で人の生命力を衰えさせている。ところが今回、長洞で、集落と都市との予想もしない関わりに遭遇し、一つの成果を生み出した。この意味を私たちは十分に読み取り、未来につなげていく必要がある。

――ということに気付いたばかりで、どう取り組むかはこれからだ。従って「なでしこ工房&番屋」プロジェクトはまだ続いている。

●本章の著者・山谷明は、復興まちづくり研究所の事務局長として活躍。長洞元気村の復興支援、とりわけ「なでしこ工房&番屋」の自力建設に力を尽くした。2016年5月に体調不良を訴え、以降、入退院を繰り返すことになった。3・11被災地の復興に想いを巡らせつつ治療を続けたが、惜しくも、2017年2月に他界した。本書の執筆のさなかであった。享年71。山谷明の冥福を心から祈り、『なでしこ工房&番屋』建設プロジェクトを振り返って」を併せ掲載する。

元気村村長・戸羽貢さん、同事務局長・村上誠二さんへのインタビュー

２０１６年12月３日

貢さん（戸羽＝元気村仮設住宅協議会代表、いわゆる「元気村村長」）は、鈑金工ですが、景気はどうですか。住宅の再建など工事現場がいっぱいありますし、忙しくてしょうがないのでは？

貢さん　いやいや、ところが全然ダメなんだね。住宅の再建は８割くらいが地元以外のハウスメーカーによるもの。全てが規格品だ。たとえば、地元のオレたち鈑金屋とかペンキ屋には仕事が来ない。日当でいえば、地元の大工・職人は１万２千円。よそからの応援は１万８千円だ。地元の業者はとても厳しい状況だ。

気仙大工の出番は？

貢さん　全然ダメだね。もともと建設業界は先細り状態だった。新しいクルマに買い替えるのも難しいといった状態。ここいらで新しいクルマは介護施設のものか役所のもの。３・11以前は、鈑金工場をつくるか、廃業するかどうか悩んでいた。それがまさか（津波で）家が流されるとは……。３・11は、悲しいことや辛いことを通り越した事件。辛いことを考えていてもきりがないが、（鈑金の仕事を続けるという）自分の背中を押してくれたとも言える。

長洞元気村が陸前高田の被災地のなかでも、トップクラスの速さで復興を成し遂げつつある。この陰には、元気村のリーダーである戸羽さんの力があったと思う。

貢さん　実のところ、オレはリーダーだとは思っていない。自分のことを考えても、まだまだ先が見えていない状況だ。頑張ろうと思ってきたが、とても無理だと思ったこともある。リーダーといわれても、何をやってきたんだろうという気がする。まあ、ずいぶんいろいろなことがありすぎたね……。良かった面、悪かった面……もう忘れたことも多い。ただ、自分だけしかできないこと、つまり、それぞれの体験をしっかり伝えるのは大事だと思う。

誠二さんとのコンビが抜群だったということだと思いますが。

貢さん　誠二（村上＝元気村事務局長）みたいな人がいたからできたこと。誠二には絶対的な信頼を寄せていた。ことに行政（陸前高田市）との折衝については、ほとんど任せきりだった。役所としては、我々の要望は「言いがかり」と受け止めたかもしれないが。また、視察などの受け入れについても、誠二がいたから何とかうまくいったと思う。

誠二さんとの意見の食い違いは？

貢さん　災害（復興）公営（住宅）をどこにつくるかについてでは、確かにあった。市は、長洞の元気村跡地に10戸程度の災害公営（中層集合住宅）をつくりたいといってきたんだが、将来的な集落のあり方からすると、なかなか難しい問題だった。結果は今の通り（災害公営住宅は結局、つくられなかった）なんだけれども。

私たちを含め、被災後、たくさんの人々が元気村を訪れた。皆さんが被災にもめげず、明るく振る舞っていたように思う。実際に、来訪者をどのように受け止めたのでしょうか。

貢さん　視察の受け入れがたくさんあったが、受け入れることが元気のもとだと思う。３・11の被災はものすごく大きな出来事だった。はた日には楽しげに映ったかもしれないが、元気村に来る人たちの対応をみんなでやることで、悲しいこと、辛いことをその時は考えないですむ。早い話、みんなでいると気が紛れるわけだ。考えると辛いことがたくさんあって、家に帰ると一人で泣いていたんではないか。とにかく、前に進むしかない、という感じだ。

誠二さん　仮設研（仮設市街地研究会＝２０１２年5月にＮＰＯ復興まちづくり研究所に改組。現在は、任意の研究グループとして活動を継続）のメンバーが訪れたときに１人１泊５千円をカンパしてくれたことなどがきっかけとなり、視察に対応すると多少のおカネが得られるようになった。これも大事なことだったと思う。

長洞では被災の直後から、集落を挙げて組織立った対応をしたことが印象深いが……。

貢さん　被災直後には、集落が孤立し、情報が錯綜するなかで、いろいろな噂が飛び交った。たとえば、関西の暴力団が盗みに押し寄せるという話が入った。そこで、夜警に回ることもあった。食料・燃料を集める、年寄りのために薬を貰いに行く、なども集落全体として自然に分担しながら取り組むことができた。

長洞のように、しっかりとした活動を展開した被災地は珍しい。

貢さん　被災直後から組織立った取り組みをしたといっても、実は、その都度の対応で精いっぱいだった。自分の中ではホンネとタテマエがあったことも事実だ。本能で動いたといってもいいかもしれない。それがかえって良かったかもしれない。

被災後ほぼ4カ月後の7月に仮設住宅ができ、元気村が発足したわけですが、振り返って、自分たちがまず、自分たちで復興に向け、積極的に動いていこうという気持ちがはっきりしたのはいつ頃でしょうか。

貢さん　ひとつは、被災した2011年の9月に奥尻島へ視察に行ったことだ。被災者同士ということで大変な歓迎を受けた。学ぶことも多かった。もう一つは、12月に山古志へ調査に行ったことだ。（中越地震で）被災した住民が主体となって進める復興を現地で見聞きすることができた。そんな意味で、大きな成果があった。

誠二さん　それに加えて、身近な取り組みだが、仮設住宅ができて半年くらい後、自分たちで風除けスペースを付けたり、集会所の廊下に屋根を差し掛けたりしたことだ。特に、集会所前の屋根をつくったので、雨の日にも、ちょっと集まれるし、作業もできるようになり、とても便利になった。「被災者は行政からの支援に対し、従順であるべき」「与えられた仮設住宅に手を加えてはならない」といった考えをそれらの経験で乗り越えられたと思う。また、そうしたことのさまざまな局面に、復興まちづくり研究所のメンバーのサポートがあったと思う。

奥尻ではどんな歓迎でした？

貢さん　たまたまどこかの行政だか議員だかが同じ時期に訪れていたんだが、そっちの方のほうは後回しという感じで対応してくれた。被災者同士ということで、あちらの皆さんも特別な思いを持っていたんだと思う。

行政（陸前高田市）との折衝は誠二さんに任せたと言われるが、いくつか率先して折衝したことがあるのでは。

貢さん　基本的には誠二に任せきりにしていたからね。正直に言って、役所の前例主義が被災対応にフィットしていないのはしばしば感じた。たとえば、市の組織内部での連絡が密でなかったのが原因だと思うんだが、仮設住宅を退去したにもかかわらず、市から3カ月分の水道料金請求があったこと――何も知らない高齢者などは困る話だ――への抗議など、いくつかある。

誠二さん　いやいや、貢さんはそう言うけど、けっこうやってくれたですよ。

被災住民が主人公となる復興について大事なことは何でしょうか。

写真4-12　新村卓実奥尻町長（右）にヒアリングをする貢さん（手前）と誠二さん。（2011年9月）

誠二さん　「腹を決める」ということに尽きると思う。いまの新聞・テレビなどを見て思うのは、それなりの立場にある人間がだらしない、ということだ。腹を決めることができないようすは、まったく見ていて恥ずかしい。大事なのは、誰かが腹を決めて決断し、実行していくことだ。

貢さん　そういうことだね。

第5章

提言から復興まちづくりへ

長洞集落と海が接する只出港に築造されつつある防潮堤（高さ10・9メートル）。その巨大さが理解できよう。（2016年12月）

1 仮設住宅支援からコミュニティ支援へ

1 仮設住宅は復興への準備基地

東日本大震災を経て、災害時における「仮設市街地」の考え方は、いくつかの事例が実現されているとはいえ、わが国では、まだまだ稀なケースといえよう。東日本大震災では、被災3県で計5万戸余りの仮設住宅が建設され、なかには木造や3階建て、さらに福祉型など、さまざまなタイプの仮設住宅、意欲的な仮設住宅団地が生まれた。しかし、それらを除くと、阪神・淡路大震災と同様、住まいを失った人々に当座の住まいを供与するといった域を出ず、現代の住宅性能水準からいうと、2年以上そこで過ごすのは健康上からも許されるものではない。そこでは、「収容施設」のようなたたずまいのもとで、被災した人々は、もとのコミュニティのつながりを失い、暮らしの復興を前向きに展望するというよりも、孤立のなかで悶々とする日々を余儀なくされているのではないか。

陸前高田市広田町の長洞集落においては、集落内に仮設住宅26戸を建設することにより、バラバラになりたくないという住民の思いを実現し、3年7カ月に及ぶ被災地近接の仮設住宅での生活が可能になった。

成功の第一の要因は集落の団結であるが、私たち専門家グループ（復興まちづくり研究所［前身は仮設市街地研究会］）が集落住民との話し合いを踏まえ、具体性を持った仮

写真5-1　仮設住宅ワークショップで話す集落の「若手」。（2011年5月3日）

設団地計画案を行政サイドに提示するなど、多角的に応援したことも貢献したのではないかと考える。たとえば集落内の建設用地に、現寸大の仮設住戸の間取りをブルーシートでつくり、配置や住宅のイメージを確かめた（仮設住宅ワークショップ）のは、東日本被災地広しといえども、ここだけだろう。都内で災害に備えて自治体などの要請に応えて復興模擬訓練[*1]をおこなうときには、仮設住宅の模型キットを使い、仮設住宅の配置等を住民とワークショップ手法で検討する。私たちのこうした実務の経験から、長洞集落に赴いてすぐ現場に応じた活動を工夫し、展開できたのである。

さて、仮設住宅を建設する際に、行政は、①公平性②スピード③丁寧であること、を基本的な考えとしている。つまり、多くの避難者に、できるだけ早く、一人ひとりの希望に沿って、きめ細かに対応する、ということである。この3原則は、仮設住宅建設のみならず、復興まちづくり全体のプロセスにとっても大変重要だと思う。

公平性とは、行政から言えば、機会を住民に均等に与えることであり、結果は住民の努力次第ということになる。そうはいっても、機会を与えられる以前に自ら走り出そうとする住民の動きを行政がつぶすことは避けなければならないと思う。走り出そうとする動きが良いものであれば、それを行政が正しく評価し、他の被災地区に水平展開すればよいのである。

仮設住宅用地の確保については、東日本大震災の被災地の多くで、公有地には限界があった。しかしながら、すでに、中越地震（２００４年10月に発災）では、民有地に仮設住宅が建設され、急場をしのいでいる。そうした経験を生かし、行政は速やかに

＊1：たとえば首都直下地震で深刻な被害が生じた場合を想定し、避難所や仮設住宅などをどう設けるか、さらに、どのような復興まちづくりが望ましいのかを検討する模擬訓練。訓練を通じて事前の対策について明らかにすることが大きな狙いである。

民間の協力を得て、仮設用地を確保すればよかったのである。また、仮設住宅の水準が時の経過とともに高まることは、供給側の技術上の工夫の結果である。それを、公平性を気にするあまり、建設時期が遅れたことにより、先行した者が損をした、とか、後出しジャンケンだ、と責める筋合いのものではないだろう。

平常時のまちづくりも同様であるが、行政と住民の協働関係をいかにつくり、地域の潜在ニーズをいかに引き出すかは行政の重要な役割である。数少ない民間活動を支援することは当初の時点では公平ではないかもしれないが、動きを引き出すように、まずは公平に声をかけ、その後は、出てきた「くい」を伸ばすことが、これからの基礎自治体の公平性であると強調したい。

行政と住民のまちづくりの話し合いは一般に多くの時間がかかる。それでも合意形成に時間をかけることは、結果として後戻りの少ない、確固とした成果につながり、行政と住民の満足度も大きい。議論してばかりではバスに乗り遅れるというような焦りや、行政担当者だけに任せるということではスピードは確保できない。地域住民の多くが参加することにより、結局は知恵が集まり、スピードを生むのである。

陸前高田市は、3・11の被災地において仮設住宅建設に着手した第一号である。ところが、かつて市の中心部があった広大な区域では、3・11のおおよそ1年後にまとめられた復興計画に基づく土地区画整理事業が長期化しているため、学校用地などを活用した仮設住宅の撤去は難航している。また、最大高さ12メートルの盛土工事が進んでいる土地区画整理地区では、事業が終了しても、すぐには建物の建設が進まず、空地が広がったままになるのではないかと危惧されている。

こうしたなか、市内で最初に仮設住宅を撤去できたのは長洞集落である。長洞集落では、防災集団移転促進事業により造成された高台の団地には空き地が生じることなく、恒久住宅の建設がほぼ順調に進んだ。つまり、急がば回れ、小さな単位でじっくり時間をかけて話し合いをおこなえば合意が見えてくるのだ。復興まちづくりにおいて、スピードと合意形成は両立するのである。仮設住宅といえども、住まいは地域の生活文化に根差すものである。そこに住むのが高齢者であれば、なおさら地域から引き離さない、徒歩圏外に移動させないという、きめ細やかさが必要である。数キロ離れた場所に仮設住宅を確保したというのでは困りものである。長洞集落でいえば、特に、高齢者の生活に海とのつながりや海からの恵みが欠かせない。そうしたことに十分配慮して仮設住宅の建設場所を選ぶことが重要だと考える。また、集会所・談話室など、被災した公民館の役割を代替するスペースの確保は、復興まちづくりの協議の場として、また、支援団体の活動の場として必要であり、コミュニティビジネスを育む場としても、行政の思惑をはるかに超えて有効だったのである。

2　高台移転の支援は最初の柱

長洞の高台移転計画は、地元ニーズを踏まえ、複数の検討案を市に提案したが、事業費が過大になるなどの理由から、最低限のものとなった。また、敷地規模については、市の示した100坪（約330平方メートル）という上限を超えることができなかった。長洞集落を含む三陸リアス地域のように、半農半漁や専業の漁業者が多い場合には、都市部の住宅と異なり、作業場、資材置場、駐車場などが各戸に必要であり、一戸当たり１００坪の上限は決して合理的とはいえない。長洞で現状をみると、１００坪に限定した結果、住宅の大きさに比べ敷地が狭く、建て詰まった印象を受ける。敷地規模は、なぜか１００坪として画一的であり、本来のニーズに応え切れていない。行政がいま少しの工夫を計画段階でしていれば、高台移転の参加者は減らなかったかもしれない。

私が復興計画づくりに携わった福島県新地町では、個々の敷地規模の希望を生かした、オーダーメードのような団地計画を実現した。そうした事例を陸前高田市当局に伝えたが、残念なことに、柔軟な運用は実現しなかった。

現地再建か高台移転かは、安全性と経済性から、選択が難しい問題である。長洞集落の自治組織（部落会）は、上組と下組から成り立ち、津波被害を受けたのは海に近い下組である。太平洋の外洋に直接面する漁港とその裏側にほんのわずかな漁業関連用地と水田があり、水田から一段上がった等高線に沿って下組の家屋があるが、そこを津波にさらわれたのだった。このため、下組は、３・11直後、上組に分宿をお願いし、さらに仮設住宅を津波の心配のない標高約30メートルにある集落のほぼ中央部に建設したのである。

第1章などで述べた経緯を経て、集落内への仮設住宅建設が一段落した後、家屋の再建をどこに定めるか、つまり、集落内の住宅再建をどのようにすべきかは、最大の悩み、課題になった。津波が来るとき、すぐ高台へ逃げれば命は助かる。現に集落内では津波の犠牲者は出なかったのだから元の土地を捨てきれない。「いや、この際、

写真5-2　高台移転ワークショップを振り返る村上事務局長。（２０１７年５月）

高台に移る。けれども、どこに移ることができるのか」「宅地を買って家を建てることができるのか」迷う思いが交錯する。市が住民の選んだ候補地の一つである杉林を造成し、宅地をつくるという話が固まり、ようやく移転世帯数が決まった。しかし、その前に待ちきれず、自ら宅地を探し、集団移転とは別に自主再建する被災者が増えたことは、合意形成の方法、手順、事業化のスピードに問題があったことを示している。また、下組の数軒が津波のダメージを修復して残ったことが、防潮堤問題のボタンの掛け違いの要因になったともいえる。これについては、後の「防潮堤問題」でもふれたい。

3　低地利用「なでしこ工房&番屋」はコミュニティビジネスの拠点へ

「なでしこ工房&番屋」は、仮設住宅団地の集会所における活動を継続するため、浸水した低地を活用する案として企画された。第4章で述べたような曲折を経て、3年半をかけて実現できた。行政からの補助金なしで建設できたのは、やればなんとかなるだろうという見切り発車だが、さまざまな資金集めと、千代田化工建設、富士通システムズ・イースト（現・富士通）や埼玉土建・狭山支部など多くのボランティアの協力により、自力建設方式で実現できたものだ。

思い起こすと、初めて集落の方から聞く半農半漁の生活、ウニ、ワカメ、ホヤ、カキなどの養殖や水揚げについては、もともと私たちのほとんどがまったく知らない世界であった。私たちの仲間の数人は、早朝、漁船に乗せてもらい、漁を体験している。

ワカメやウニには、多くの人間の手による丁寧な作業が加わっていることを知り、その後の番屋のあり方にも思いを馳せた。

工房を利用するなでしこ会の課題は、第3章で述べたように、メンバーの高齢化をはじめ、来訪者や宅配先の減少の防止と拡大、そのための魅力的な活動や産物の開発、地元の漁協との協力などである。とはいえ、平均年齢70歳に近い女性たちが工房に集い、仕事を楽しむ、手作りの産物を宅配し、ささやかではあるが収入を得る——そうした場所がなでしこ工房である。これらに加え、いったん漁業からリタイヤした高齢男性を含む人々によるビジネススタイルをこの数年、元気村の人々は「好齢ビジネス」と呼ぶようになった。まさに「なでしこ工房&番屋」は、「好齢ビジネス」の拠点（起点）として位置付けられるのである。

2 仮設市街地4原則に照らしての評価

私たちが阪神・淡路大震災以来、主張してきた仮設市街地4原則は、本来、仮設住宅を建設する際の4原則である。長洞の場合には、さらに復興まちづくりに連続する概念になり得たのか、ここで総括してみたい。

1 地域一括原則 —— 被災者が従前の人々のつながりの中で生活を継続できること

長洞では、集落の約60戸全てが津波によって住宅を失ったのではなく、ほぼ半分に当たる上組と呼ばれる地区の住宅は無事であった。そこで、避難4カ月間は、下組が上組に分宿することができた。さらに、仮設住宅を集落内中央に建設したため、仮設住宅に住まう期間を集落全体で過ごすことができた。救急↓避難生活↓仮設住宅、と被災後の暮らしが分断されることなく、復興の初期のプロセスを共有できた。

被災の程度が入り混じる「まだら状態」の被災地では、空き地・民有地の活用が重要になる。ただし、民有地の活用ゆえに、当該用地の所有者が生活再建のために利用することがあるので、仮設住宅から他の仮設住宅に一時的に引っ越しせざるを得ない状況も生じる。従って、地域一括原則は、仮設住宅の建設用地を地域内に確保できるという土地の余裕（冗長性）が条件となる。このため、たとえば、一定の地域ごとに事前の調査をおこない、可能なところから土地所有者と緊急時の利用に関する取り決めができていることが望ましい。このことは、私たちが阪神・淡路大震災の後、一貫して取り組んできた都市部での復興まちづくりで学んでいたことであった。さらに、災害発生後の避難のプロセスでいえば、たとえば、２０１６年4月の熊本地震などでみられるように、学校の体育館など、避難所とされる施設は、被災家族が数カ月を過ごすにはあまりに過酷な環境であるといえる。このような避難所の生活環境を大幅に改善できるとするなら、慌てて避難所から仮設住宅への移行をしなくても済む。つまり、抽選制度を持ち込むことなく、多少の時間がかかっても、集落一括で仮設住宅団地に移ることができるのではないか。

先にも述べたように私がコンサルタントとして復興計画の策定とその実現に携わった福島県新地町では、仮設住宅団地の入居に抽選方式を採用しなかった。ここでは、集落ごとの入居は、大きなメリットがあるので、必要な数の仮設住宅が建設されるまでしばらく我慢してほしいと、行政サイドが集落住民に丁寧に説明し、理解を求めた。

この新地町や長洞集落と同様に、仮設住宅への入居に抽選方式を採用しなかった岩手県宮古市、宮城県岩沼市などでは、話し合いの場がつくりやすかったのだろう。復興まちづくりの議論が進みやすく、それぞれ復興まちづくりが順調に進んでいるといわれる。一方、仮設住宅用地をスムーズに確保できなかった自治体や、入居に際し、抽選を採用せざるを得なかった多くの自治体では、復興まちづくりは、そのスタートとなる話し合いの場づくりに難渋するなど、さまざまな課題を抱えることになった。

被災直後から避難時期での生活をどのように過ごすか、そこにコミュニティの協力、助け合う力を感じない限り、一人ひとりの力だけで勝手に生き延びるしかない、という考えが生じるだろう。そんなときには、少しでも早く自分やその家族のために仮設住宅に応募することを選び、結果としてコミュニティの分断が進んでいく。宮城県石巻市半島部の集落が３・11後の比較的早い時期に、部落会の解散を決めたというニュースを聞き、結束の固い伝統的な集落も壊れることがあるのだ、と衝撃を受けた記憶がある。

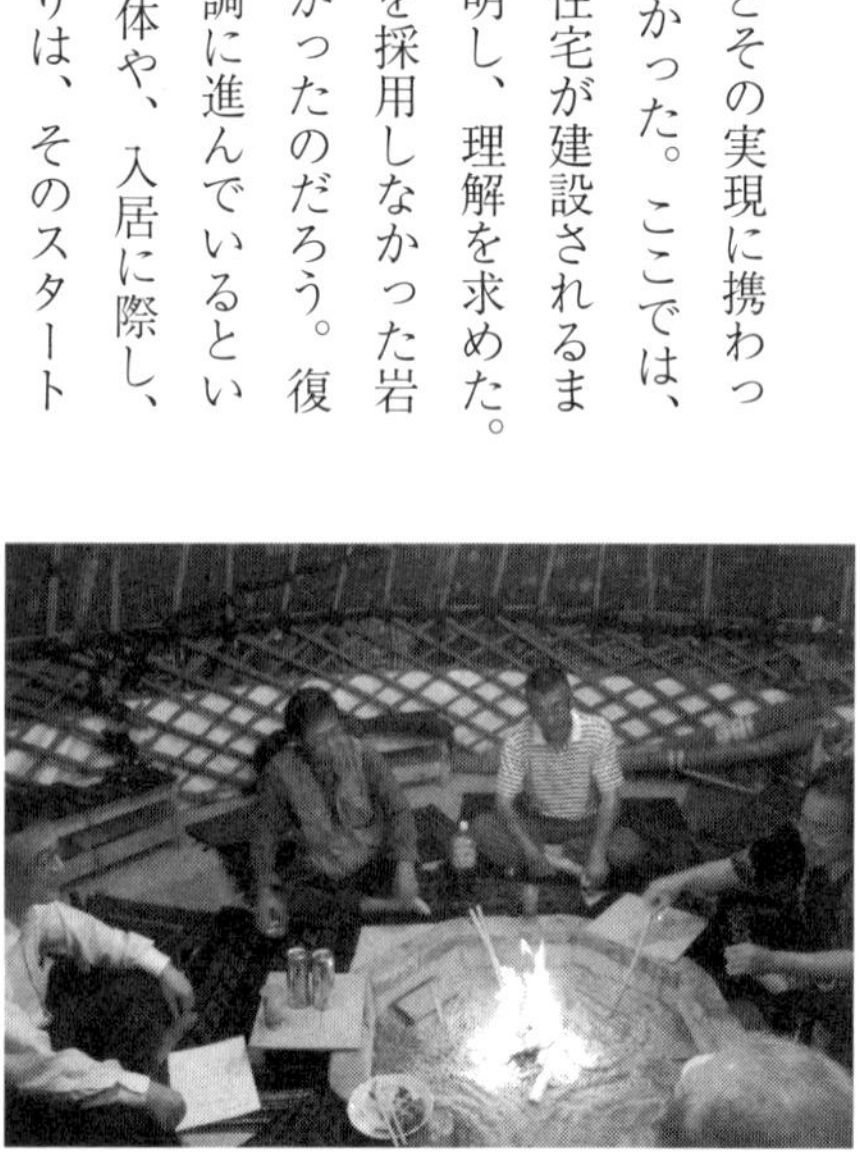

写真５−３　パオでの語らい。（2012年7月）

2 近接原則――被災地のできるだけ近い場所にまとまること

被災前の住宅から歩いていける範囲の中で仮設住宅を確保することがベストである。被災地に近ければ、従来の人々の関係を維持できる。環境の小さな変化に順応できない高齢者ほど、被災地から遠い仮設住宅で暮らすストレスは大きなものになり、閉じこもり傾向になる。被災地の近くに仮設住宅を確保できれば、被災地の片付けや失せ物の捜索、不審者対策の見回りなど利点は大きい。なんといっても従来からの顔見知りが多いという安心感がある。被災地から数キロ離れたところや内陸部の都市に仮設住宅を選ばざるを得なかった場合、または「みなし仮設住宅」へ入居する場合には、被災地の支援情報や復興まちづくりの動きなどが伝わらない、という事態が生じやすい。また、落ち着いた環境をつくるためには、新たな土地でのさまざまな関係を改めて構築せざるを得ない。被災した地区の状況を把握するのもままならないというのが実情であろう。

長洞集落では、被災住民自らの努力で、行政の動きに先立ち、海岸からさほど遠くない標高30メートルの休耕地を仮設住宅の用地として確保した。まさしく集落の懐に包まれるような位置にあり、漁港で活動するにも大きな支障がなく、そうした意味では、被災前の生活環境とほぼ変化がなかった。仮設住宅の部屋決めに際しても抽選とせず、どの棟のどの部屋に入居するかは被災前にあった下組の住まいの並びに倣うという方法で合意している。知らない隣人がいるという違和感を極力少なくして仮設団地に入居する、そんな集落の知恵こそ、私たちが主張していた近接原則をさらに発展させたものと評価できる。

近接原則をいっそう徹底させる方法として、被災地に近い仮設住宅をそのまま本設(恒久住宅)に移行させる、地区内に新設する民間賃貸住宅があれば、借り上げ住宅として確保する、などの手法は今後の課題である。

3 被災者主体原則 ―― 被災者自ら復興の主体となること

長洞集落では、3・11の直後から、被災者が被災しなかった上組の家々に分宿し、食料を共同管理するなど、集落一体の避難生活を送った。その延長として、集落内に仮設住宅を確保することを決意し、自らその実現に努力を傾けた。すなわち、集落の人々自らが目標を決め、その実現に私たち専門家が協力したのである。陸前高田市は庁舎が流され、職員にも多くの犠牲者が出るなど、被災直後の機能が完全に麻痺したこともあり、かえって私たちが主張してきた被災者主体原則が貫徹されたといえる。本来は、市とともに復興まちづくりの新たなページを切り拓いたパイオニアとして被災者主体が成立したと誇りたいところであるが。

集落内の仮設住宅建設を市に要望したが、市が公有地原則を振りかざし、決まらない状態がしばらく続いた。それでも用地が確保できれば、なんとか実現できるのでは、との思いから、住民自らが用地交渉をおこない、市と粘り強く折衝を続けている。私たちが縁あって支援に入ったのは、そんな事態のさなかだった。

集落内の仮設住宅建設は、決して横車を押したわけではない。当たり前の地域ニーズを実現しただけなのである。

まちづくりはきれいごとだけでなく、土地問題を乗り超えないと解決しないことも多い。これまた私が携わった中越地震の山古志での集落再生でもそうであったが、先祖からの土地への執着は大変根強く、たとえば、集落再生のために宅地を失った集落内の住民に、田んぼの一部を譲ってもらえないかと、さまざまな局面で挑戦したが、成功したことは稀であった。行政がそうした交渉をおこなっても同様の結果となることが普通である。用地の確保は、その集落の中での人のつながりや土地の由来などに詳しい人の知恵が決め手となる。用地折衝は、最初に誰が声を掛けるかで決まることさえある。合理性のみだけでなく、感情面も含めた働きかけが有効な事柄であり、結局は、地元で候補地を見つけてもらうのが一番なのである。これは、仮設住宅だけでなく、高台移転団地の用地選定についても言えることである。東日本大震災の被災地では、高台移転のための手段である防災集団移転促進事業を進めるなかで「持ち込み型」といわれる地元主導での用地確保がいくつか実現をみた。つまり、復興まちづくりのための用地の確保には、行政だけが動くのではなく、被災者や被災地の住民の思いを生かすことが重要だ、ということであろう。

復興まちづくりの成否は、行政が事業を発意・計画し、被災者や被災集落は、もっぱらそれを待つだけ、ということでなく、いかに被災者・集落自らが、専門家の協力を得ながらも、立ち上がることができるかどうかにかかっている。

厳しい言い方になるが、被災者がいつまでも被災者として支援頼りの受け身になるのでなく、自ら立ち上がり、復興を目指すこと。この被災者主体原則を具現化したの

写真５-４　長洞元気村の閉村式を「なでしこ工房&番屋」の中庭でおこなう。（２０１５年３月22日）

が長洞集落だったのである。私たちに対しても「専門家のアドバイスはもらうが、決めるのは自分たちだ」とぶれなかったのはさすがであった。

4 生活総体原則——住宅だけでなく生活全体を支えること

仮設住宅における生活でも、できるだけ従前の生活を維持することが欠かせない。そこには、生業としての暮らしがあり、楽しみとしての交流の場や機会がある。また、新たな仕事の話が聞ける場があり、何より子どものための遊び場や学びの場がある。私たちはこれまで、仮設住宅は、単に、被災した人々が避難生活を送る仮の住まい（シェルター）としてだけでなく、復興まちづくりをみんなで考える検討の場であり、日々、生業に向かうための拠点であり、暮らしのさまざまな楽しみを感じるものであるべき、と主張し続けてきた。すなわち、仮設住宅団地は、住まい手の生活全体を支える仮設市街地でなければならない。そうした意味から、元気村のネーミングのもとなった「元気学校」こそ、長洞集落での仮設市街地のスタートと位置付けられるだろう。学校の再開が危惧される中での住民による子どものための学びの場、これを開設するという思いこそ、生活全体を立て直していくスタートにふさわしいものとなった。

また、ＩＴ支援団体のボランティア活動により、携帯電話を集落のみんなが使いこなせるようになったが、こうしたレベルでのＩＴ革命も、元気村の運営、とりわけ、その中心部分を支えるなでしこ会の活動に大変有効であった。なでしこ会の活動、多くのボランティアとの交流など、次々と暮らし全体を創造的に復興していく活動が仮設住宅団地・長洞元気村から生まれ、展開された。見事な仮設市街地の実践といえよう。訪ねてきたハーバード・ビジネススクールの学生が脱帽するのも無理はない。平成25年度「あしたのまち・くらしづくり活動賞」内閣総理大臣賞の受賞にふさわしい取り組みである。

長洞集落は、３・11で被災する前には、外の人々が訪ねて来るような集落ではなかったが、被災をきっかけに、数多くの人々が復興をどのように成し遂げたのかを学びに来る。いまや長洞元気村は、復興を学ぶツアーの代表的な訪問先、復興まちづくりの成功事例として再生したのである。

3　仮設市街地から復興まちづくりへ

仮設市街地・長洞元気村は、仮設住宅で力を蓄え、外との交流を積極的に受け入れる集落へ変わっていく。これまで述べたように、被災から復興まちづくりへの一連のプロセスが特徴的である。小さな集落だからこそ可能だったかもしれないが、長洞元気村の復興まちづくりについて、いくつかの成功要因を整理してみよう。

1 小さな成功の積み重ね、意思決定は地元で

被災から復興へは、普通いくつかの段階（ステージ）がある。つまり、救急・救命→避難生活→仮設住宅→高台移転→津波の来襲した低地部分の利用、というステージである。いうまでもなく、ステージごとに、問題や課題は大きく変化する。

長洞元気村の場合、ことに、3・11直後の小さな成功が次のステージへの挑戦につながったのだろう。「田舎にはコミュニティがある」といわれているが、集落の力は次第に薄れゆく状況にあった。そこで、被災前から常々、恒例の祭りや運動会の集まりなどで人々の力を結集させる試みをおこなっていた。それがバネとなって効いたのだと思う。

陸前高田市の未曽有の被災により、いつ小中学校が再開されるかわからない。そこで、長洞集落では、先に述べたように住宅を活用した寺子屋「元気学校」を地元のリーダーが開校し、子どもたちのために学びの場を提供した。子どもの落ち着きが大人に安心を生む。次いで、集落の長老は、自分たちより少しばかり若いリーダーに集落内への仮設住宅確保を指示する。若手（とはいっても、50代であるが）リーダーは、自ら用地を見つけて地主との折衝を踏まえ、市当局へ要望する。市当局が拒否しても、私たち専門家の支援を受け、粘り強く交渉を継続する。そんな一歩一歩の積み重ねがその後の復興の源泉となった。

以上に見られるように、長洞集落は、外部の専門家の意見に耳を傾け、学ぶことができる「受援力」が確かである。繰り返しになるが、決めるのは自分たちだという確

信が根底にあるからだ。過去の津波により被災し、復興した奥尻島、中越地震で被災した山古志を精力的に訪れるなど、現場を実際に見聞きしている。そこで学ぶことは、まさしく一見は百聞に勝り、ぶれずに進むための自信になる。

復興を構想するためには、過去の災害の現場を訪ね、実地に学ぶことが極めて有効であった。長洞における復興まちづくりは、これからの災害復興の先取りである。そこでは、被災住民自らが復興に向け、立ち上がることが何より大切であることが示されている。一般的に言うなら、被災者主体の動きという意味からは、たとえば、避難所でのささやかな環境改善から復興まちづくりをスタートさせるのでもよいと思う。

3・11の被災地の復旧・復興には、被災の直後から、たくさんの支援者、支援の動きがあった。陸前高田市当局が小さな動きに十分対応せず、距離を置き続けていたのは残念なことだ。一方、集落では外からの助言を得ても、意思決定するのは、あくまで地元だ。長洞集落は、さまざまな課題の解決に当たって、誰に相談するか悩みながらも、自らが考え、決断することができた。スムーズな復興には、いうまでもないが、専門家の支援を踏まえた地元の意思決定が欠かせない。

2　復興まちづくりはハードとソフトの一体で

①仮設住宅団地のプランニング

私たちは、3・11直後の4月に長洞集落でおこなわれた住民との話し合いで、仮設住宅の1戸当たり面積が9坪（約30平方メートル）と、もとの住まいと比べて格段に狭いことについての覚悟が必要、と説明した。すると、被災者から住戸が狭いなら狭いなりに住宅の配置計画を工夫したい、と意見をもらった。仮設住宅が狭いなら、その周囲に空きをとっておいて、フレキシブルに活用できるようにつくれないか、との趣旨だ。その意見の通り、仮設住宅の外回り（外構）は、支援活動を展開する上でとても貴重なスペースとなる。それをどうしつらえ、どのように使うかで、コミュニティ活動の自由度にも大きな影響がある。仮設住宅は、大変狭いが、外回りに来訪者へのおもてなしの場をきちんとつくり、それを活用できるというのは、集落の知恵、または、集落の成熟度を示すのかもしれない。

仮設住宅とともに、集会所（談話室）は、復興拠点として欠かせない。そこでは、集落の昔を振り返ったり、今の生活の工夫を共有したり、将来の夢について話ができる。外部からの支援者を迎えることも可能だ。ハードな要素である集会所が被災者自らの活動を誘発する仕掛けだ。まさしく集会所は「復興センター」なのだ。第1章などで述べた長洞元気村の開村式のにぎやかさは、仮設団地が災害からの逃げ場（シェルター）のみならず復興の拠点であることを示している。また、元気村独自の小さな工夫ではあるが、仮設住宅のそれぞれに掲げられた屋号入りの表札は、今でも高台に移転した恒久住宅に飾られていることが多い。辛いできごとの後の不自由な仮設住宅の暮らし、そうした状況のもとで大切にしたことを忘れないという、被災者の強い思いを感じる。

②「なでしこ工房＆番屋」はビジネス・交流の拠点へ

集落のあるべき姿、将来の方向、可能性を見極め、目標像を描くというソフト面をしっかり構築し、共有できれば、集落のハード面といえる新たな施設は、それにふさわしいものに落ち着く。ハードは確かな需要から考えていけばよいのであり、活動の広がりに従って改築、増築していけばよいのだ。

地元の水産物の加工などをおこなうなでしこ工房は、高齢者にとっては、そこそこのビジネス（仕事）の場であり、かつ、みんなでお茶話をする居場所でもある。訪ねてくる学生や大人の研修グループに復興紙芝居『一緒にがんばっぺし』を読み聞かせ、被災からの復興の物語を伝える教室となる番屋は、「好齢ビジネス」に欠かせない拠点である。また、被災前にはなかった集落の交流の場でもある。「復興まちづくり」のソフトとハードは、まさしく、表裏一体であり、被災集落・長洞がビジネスと交流の拠点を持つことは、持続可能なまちづくりの極意と思う。

3　復興のプロセスデザイン

長洞の仮設住宅団地・元気村は、すでに撤去された。現地に行くと、かつての元気村へのアプローチ道路は、ほぼそのまま新たな住宅数戸へのアプローチとなっている。長洞の「仮設市街地」は、仮設住宅団地・元気村で大きく成長した。そして、防災集団移転促進事業によって造成された新しい団地での最後の住宅（トレーラーハウスを活用した住宅）の自力建設で一段落した。漁港の防潮堤建設は継続されているが、これを復興まちづくりに含めるのは難しい。

①外部の専門家・コンサルタントの役割

私たちの支援活動は、3・11から間もない2011年4月初めの避難時期から仮設住宅を経て、新たな集落の活動拠点「なでしこ工房&番屋」の建設まで6年にわたった。

この間、全てが順調ということではもちろんなかった。たとえば、集落内に低層の災害復興公営住宅を建設できなかったことをはじめ、実現していないことも少なくない。しかしながら、復興まちづくりがひとまず落ち着くまでの支援を継続することができた。

最後に残った自力建設住宅への支援は、運良く、トレーラーハウス2棟の寄贈を受けてスタートした。それは、2棟の間に、小さな木造の家を被災者の自己資金とボランティアの支援で建設することで決着し、2017年4月に竣工、引っ越しを済ませた。

復興の主体は、あくまで集落であった。私たち復興まちづくり研究所のメンバーは、集落の希望を実現するため、集落住民と共に仮設住宅団地の建設を行政に働きかけ、集落の将来を考え、仮設団地内での活動が恒久的な活動に広がるように、活動拠点「なでしこ工房&番屋」の整備を提案、長期にわたる建設を支援、完成にこぎ着けた。仮設から復興までの段階（ステージ）ごとの問題解決のため、まちづくりの専門家として助言する継続的な活動をおこなったのである。いわば、集落復興のプロセスデザインに専門家として寄り添ったといえる。

②「七人の侍」

黒澤明の「七人の侍」という映画があった。今まで、阪神、中越など大規模被災地の支援にグループとして携わり、数年間支援しているうちに、支援を継続するかどうかが議論になる。その時、私たちが必ず持ち出すのが「七人の侍」である。

七人の侍は一人の浪人が集落から頼まれて、個別に浪人を集めて集団組織をつくり、盗賊に対抗して集落を守り抜いた後、去っていくという話だ。また、昭和30年代にスタートしたテレビドラマに「名犬ロンドン物語」という、難事件の解決を見届け、さっと立ち去る「さすらいのシェパード」が主人公の番組があった。これにも通じるところがある。目的を達成して散っていくわけだ。

私たちの場合も、被災地支援の活動グループとして、遠隔地の被災地を数年間の支援をおこなうことによって目的を達成し、活動費その他の助成金が得られなくなった時、他に転戦するという「七人の侍」方式である。

しかし、中山間地等の被災地では復旧事業が終わっても、被災により加速された人口減で地域の力は弱くなっている。集落の維持についても外部の力が欠かせない。閉じこもりがちな地域を外に開放し、新規転入者を引き込む魅力を磨くこと、また、そうした仕組みをつくることが必要だ。長洞での実践はそれを教えてくれる。

長洞集落の復興プロセスに関わり、地域社会の絶え間ない変化と人々の生活の継続・維持に思いが巡る。日常的な生活、仕事、人々の関係、お祭りなどの文化が災害

表５－１　長洞集落を支援する外部団体と支援内容（2011 ～ 2013 年）

分類	団体名	支援内容
情報関係	遠野情報班（平井氏）	・遠野市での仮設市街地研究会との出会いから、長洞にパソコンを寄贈。長洞の IT 化の契機をつくった。 ・そのパソコンを活用して、「長洞元気村ニュース」が発行された。 ・長洞元気村ブログ、ツイッター開始の指導。
	富士通	・父ちゃん・母ちゃんのパソコン教室の開催。
	富士通／ドコモ	・元気村に携帯電話 40 個を貸与。携帯電話研修会、講習会を開催。元気村の重要な情報媒体となっている。
	NPO 事業サポートセンター	・同センターは遠野情報班の後ろ盾になる組織だが、長洞の過去の情報発信記録をホームページで公開するべく、情報整理を進めている。
	霞が関ナレッジスクエア	・文部科学省の外郭団体で、情報メディアを活用して、社会教育関係の視聴覚教材を提供しようとしている。 ・パソコンを活用して地域リーダーや市民講座の紹介をする。 ・長洞では衛星放送による落語会の開催などを実施している。
	遠野まごころネット	・足湯や食料の提供などを一定期間実施。
心のケア関係	NICCO	・「お茶っこ会」を開き、手芸の指導にも当たっている。
	ミニサーカス隊キャラバン	・南椌椌氏の主催する団体。ライブやのど自慢大会を開く。
ものづくり関係	一関市民活動支援グループ	・７月に来訪し、仮設の公民館を寄贈（立地条件が悪いため、現在、集落の物置になっている）。
	東中野パオ	・アフガニスタンで製作されたパオを 2012 年５月元気村に設置。

JICA「大規模災害からの復興に係る情報収集・確認調査」（2013 年 11 月）

この表は、3.11 後の早い時期の主な支援についてまとめたもの。
2013 年秋以降も含め、本書でさまざまな支援を紹介している。
多くの支援者に改めて感謝の意を表する。

によって途切れることなく継続することが何より大切だ。災害は必ずこれを分断するように働く。これに、地域社会がどれだけ抵抗してきたか、闘ってきたかが、災害復興の歴史ではないかと思う。また、そこには明確な地元の意志とともに、「七人の侍」のように、何らかの外からの知恵・力があったのではないだろうか。

③「IT革命」をもたらしたボランティアたち

仮設住宅団地でのコミュニティの維持、交流の拡大に関しては、NHKの報道、松岡修造のテレビ番組の他、私たちを含む多くの人々によるさまざまな支援活動があったことも付け加えておきたい。特に、ITボランティアと呼ばれる人々による元気村への支援――携帯電話の無償貸与と使い方教室の開催、パソコンの活用指導、さらには、ホームページ（HP）での情報発信などを高く評価したい。

こうしたITは、元気村の内外でのコミュニケーションの飛躍的な増大をもたらした。また、ボランティアによるインターネットを通じた情報の受発信が支援団体のいっそうの獲得につながった。まさに、「IT革命」というにふさわしい支援活動であった。これについては、第2章や第3章でも述べた。

④防潮堤問題

地域の復興は、いうまでもなく、行政と被災者、さらには外部からの支援者が歩調をそろえて進めることが望ましい。しかし、東日本大震災では多くみられたように、集落内で津波で家屋を全て流された方もいれば、幸運にも被害が最小という方もいる。

写真5-5　私たち復興まちづくり研究所のメンバーと村上誠二元気村事務局長（右から2人目）。（2016年12月5日）

被災後のしばらくの間、行政の支援が期待できないケースも実際には多い。こうしたときには、否応なく、被災者を含む地域住民が主体となった復興とならざるを得ない。そうしたことを踏まえつつ、ここで、長洞集落での防潮堤問題がどのようなものであったかを整理しておきたい。

２０１１年の暮れから年明けにかけ、元気村では、防潮堤整備についての市や岩手県からの提案への対応を話し合った。防潮堤の高さを12・5メートルにしたいとの県の意向は、すでに地元へ漏れ伝わっていたのである。

この頃、長洞集落と隣り合う只出集落の考えは、高さ6メートルの既存の防潮堤を1～2メートルほどかさ上げし、二地区の両端の丘から漁港へ車でスムーズに出入りできるようにする、というものであった。

長洞集落では、海・漁港・水田・高台へと近接している三陸リアス地域の典型的な地形が避難活動に幸いし、津波での死者が出なかった。私たちが集落住民と共に検証したところ、長洞集落の場合、標高12メートルの等高線は、海を囲むようにあるため、避難ルートを適切に整備すれば、安全な高台への避難は、比較的容易であるとの結論を得た。

ところが、翌年（２０１２年）におこなわれた市の説明会では、直立型の防潮堤が提案され、その高さは、12・5メートル、10・5メートル、6・7メートルの3つから選んでほしいという。

そうした高さでは、「海が見えなくなるので、かえって不安だ」との声が多くを占めたが、数軒とはいえ、被災した低地で家屋を修復して住み続けたいとする住民があり、防潮堤が低くては困ると主張した。このため、説明会は、高台移転を考えている人々が意見を言えないような雰囲気になってしまったという。

結局、防潮堤の高さは、10・９メートルとすることを集落としては了承した形となった。ただし、防潮堤を越えて漁港と行き来するための道路の整備については、引き続き行政に要望しており、今進行している復旧工事とは別に新設されるとのことである。その後、２０１５年に防潮堤の建設工事に関する市の説明会があったが、地元の関心が高く、多くの参加者が集まったため、配布資料が不足するほどであったという。

10メートルを超える防潮堤の建設が進んでいる今、「なでしこ工房&番屋」からは、せっかくの海への眺望が失われようとしている。まさに3・11復興の負のレガシーが生まれているさなか（２０１６年12月現在）である。工事看板に表示された34億円（長さ約９００メートル、つまり、10メートル当たり約３８００万円）の工費は、いかにも苦々しい。

３・11で浸水した区域には、行政が早期に災害危険区域の設定をおこない、住宅の立地を抑制することが不可欠だった。そのために必要な補償額（低地に残りたい、とする数軒に、立ち退きを求めるためにおこなう補償）は、莫大な防潮堤建設の費用と比べるべくもないはずだ。もし、そうした手立てが講じられていれば、防潮堤の高さは、既存の高さに上乗せ程度でよい、という当初の集落の意向が実現できたのではないかと悔やまれる。

以上のような経過で、まだら上に残された災害危険区域の指定地の今後のあり方の検討、また、実際に必要性の高い漁港、低地から高台への避難路の整備などは、いまだ行政に動きはなく、課題として残されたままである。

第6章

陸前高田市へのエール（声援）

——長洞での取り組みを踏まえて

防集事業（住宅の高台移転事業）の
造成宅地に最後の1軒が完成した。
2基のトレーラーハウスに
木造の居間、玄関などを増築した。
（2017年5月）

エールをおくるに当たって

東日本大震災直後の3月17日から、私は、東京都職員として、宮城県・福島県へ何度か派遣され、両県の沿岸被災地を巡った。また、私の派遣目的が応急仮設住宅の建設支援業務であったのと、復興まちづくり研究所としての取り組みとも併せ、岩手県の陸前高田・大船渡・釜石・岩泉の避難所や仮設住宅にも足を運んだ。津波に呑み込まれた灰色の町が眼下に広がる高台の避難所で、凍える中学校の体育館の避難所で、神社・寺・民家の狭い畳の部屋で、市役所の机の上に布団を並べた避難所で、全財産を流され、家族と離別し、多くの知人の死を抱えながらも被災者が共有する、心が共鳴する不思議な連帯感は今回も存在した。１９９５年、神戸市長田区御蔵の瓦礫と焼け焦げた市街地で、２００４年、新潟県長岡市山古志、小国町法末《ほっすえ》の土砂に埋もれた山間部の村落で、「人間は捨てたものじゃない」と感じたものと同一のものだ。

災害時、「人とつながりたい・人を助けたい」と、被災者・支援者の垣根を超えた自主的・自発的な相互扶助と秩序に支えられた共同体は確かに姿を見せる。あえて名付けるとしたら「災害時共同体」かもしれない。今や自然災害が多発する時代である。だからこそ、幻のように立ち上がるこの災害時共同体のスピリットを起点とし、それを大きく育んでいくような復興まちづくりが求められているのではないか。長洞集落では、被災直後に部落会長宅にみんなが集まり、暗闇に明かりをともして炊き出しをするなど、緊急の対応ができたのも、もともとの集落が備えていた人々の絆の強さに加え、そうした災害時共同体というべき人々の思いが強く立ち上がったからだろう。

この第6章は、長洞の被災から今日までの復興の歩みを踏まえて、陸前高田市にいくつかのエール（声援）を送るものだ。長洞という小さな被災集落が自らの力で復興していく上で、「仮設市街地」の考え方に基づいた復興まちづくりの取り組みは、「仮設市街地」の実践という意味で、私たちにとって（もちろん、そうした理屈抜きで集落の人々にとっても）大きな一歩であったと考えている。

エール1　身近な地域の復興まちづくり計画を持とう！

1　地域の復興計画は手間がかかると思いがちだが

長洞集落に仮設住宅団地・長洞元気村ができた後、住民による復興懇談会は、震災復興センターと名付けられた集会所（談話室）で実施した。そのつど、事前に必ず陸前高田市当局には担当職員の参加を要請していた。しかし、実現したのは副市長一人が参加した1回のみで、職員の参加はなかった。復興懇談会での議論の大まかな経緯や結果、市への要望などは、常に市当局に伝えたが、市からの反応は鈍く、意思疎通は残念ながら十分とは言えなかった。

復興を進めるに当たり、住民の参加を得て、きめ細かく地域の抱える問題・課題を議論し、それをもとに、具体的な取り組みを積み重ねるのは手間がかかる、と行政は思いがちだ。だが、前章でも述べたように、議論の蓄積をもとにつくられた復興まちづくり計画によって、その地域の特性に根差した復興が可能となり、むしろ復興のスピードアップにつながるケースが多い。そうしたことを阪神・淡路大震災以来、私たちは実際に見聞きしてきた。この視点が陸前高田市当局に欠けているように感じられた。

被災した自治体が復興について行政区域全体のビジョンや基本となる計画を持つと同時に、身近な地域の住民による復興への取り組みを応援し、地域の復興計画を全体の計画に織り込んでこそ初めて、自治体全体の復興と個々の集落の求める復興との関連が明確になるのではないか。

2 「よそごと」になりがちな全体の復興計画

自治体の全域を対象とする復興計画は、ともするとマクロ的視点・柱立てのみの計画になりがちである。つまり、主要な道路や公園、防潮堤など、インフラ整備と土地の用途制限などが主だった内容となり、被災した地域住民にとっては、どうしても、よそごとになるのではないか——そうした恐れを私たちは経験から感じていた。

陸前高田市の復興計画についても、特に、巨大な土地区画整理事業の企てを見て、計画の実現を担う市の部署は、実施段階でマンパワー不足に陥り、個々の集落をはじめ、身近な地域が求める復興事業の展開に手が回らなくなるのではと危惧していた。そうした事態を回避するためにも、私たちは、3・11直後から、住民を主体にした身近な地域での復興まちづくり計画の作成を呼びかけるべきではないか、と市に勧めてきた。

一方、長洞集落では、私たちまちづくり専門家と呼ばれるグループが支援するなかで、住民による復興まちづくり計画をつくり、住民主体の各種事業を着実に実現してきた。こうした身近な復興まちづくり計画は、決してよそごとになることはない。計画づくりでの議論を通し、被災の経験と現実を地域で受け止め、「自分たちの運命は自分たちで決める」というシンプルな思考を手に入れるからだ。先にも述べたが、身近な地域の復興まちづくり計画があって初めて全体の復興計画は具体性・有効性を持つ。地域の発意を生かした、地域の身の丈に合った復興まちづくり計画を包摂することで、自治体の全体計画は、より多様な価値観を持ち、より強靱なものになる。そうした進め方を実現するには、たとえば、先行して全体の復興計画を策定したとしても、順次、集落単位や身近な地域ごとに復興まちづくり計画をつくり、ある程度、足並みがそろった段階で、それらをもとに自治体全体の復興計画の改訂を進めるといった柔軟な方法が考えられる。

写真６－１　壊滅した陸前高田市の市街地（2011年５月）。今ここに、土地区画整理事業で広い範囲に大規模な盛土工事がなされている。

エール2　住まい・福祉・生業の3本柱を復興まちづくりに！

自治体の復興計画がよそごとにならないよう、さらに必要なことがある。住まい・福祉・生業《なりわい》の３つの柱を組み合わせ、地域の将来像や復興のリアリティを高めることだ。

1　住まいの復興は、地域に見合った工夫を

被災地にとって、復興計画の第一の柱は、住まいである。避難所から仮設住宅・恒久住宅の過程において「復興は住まいから」の意義を十分確認する必要がある。

津波で多くの集落が根こそぎにされた岩手県では、漁業・農業等の第一次産業従事者が多く、持ち家がかなりの部分を占める。そのため、国の復興方針の高台移転に沿って、防災集団移転促進事業（防集事業）で宅地を造成し、自力で住宅を再建する方式が多くの地域で採用された。資金的な余裕がないか、自前の住まいの必要性が少ない場合、被災者は、自治体の建設する災害復興公営住宅へ入居する。

第1章、第2章で述べたように、長洞では、被災住民が一緒に村に住み続けたいとし、集落の中に応急仮設住宅を誘致し、暮らしを支え合った。また、恒久的な住まいの再建へ向けた高台移転において、高台移転用地に災害復興公営住宅を建て、住民が一緒に住みたいとの要望を市当局へ提出した。

私たちは、複雑な国や県の事業を読み解き、住民にできるかぎり丁寧に説明した。しかしながら、市の組織内部のことであっても、他の事業には関与しない、とも受け取れるような縦割り行政の壁にはねつけられた形となった。陸前高田市においては、高台移転（防集事業）と災害復興公営住宅は、別々の部門が扱う事業であり、被災者の住まいや人々のつながりのあり方、半農半漁の生活文化、という視点から個々の復興事業をトータルに捉え、調整する部門はなかったからだ。以上のような点についても、これからの行政運営の課題としていただければ、と思う。

2 福祉の考えをもっと盛り込もう

復興まちづくり計画では、いうまでもなく、住まいや身近な公共施設のあり方など、いわゆるハードな面と地域の福祉＝ソフトな面での計画を一緒に進めていくことが大切だ。

東日本大震災は、少子高齢化・人口減・内需減のさなかに起こった。少子高齢社会での福祉の主題は一般に、施設から在宅へ、さらに住宅・福祉・医療・衛生が連携する地域包括ケアにあるといわれる。そうした点から、復興まちづくりを組み立てるに当たって、可能な限りハード・ソフトの手法を組み合わせることが欠かせない。

長洞では、仮設住宅入居前の避難生活（縁故や知り合い宅への分宿）、集落内に設けられた仮設住宅団地、そして高台移転住宅への移行と、できる限り住まいの復興過程に合わせ、被災前の住民のつながりを容易に保てるような空間をつくってきた。高齢者や子どもたちを集落のみんなが見守り、必要に応じて助け合う、これこそ地域福祉の原点だとの思いからだ。

さらに、長洞では「好齢ビジネス」と名付けた事業を立ち上げた。これは、高齢者によるビジネスであり、小漁村集落をベースとする小さな経済の循環を目指すものである。と同時に、高齢者の居場所や出番を積極的につくろうという、まさに高齢者福祉に連なる企てである。「高齢」でなくあえて「好齢」と命名しているところが面白い。生活に密着する福祉との連携を通し、復興まちづくりがリアルな内容を備える一例でもある。

3 生業を復興まちづくりの軸に置こう

被災することで地域の日々の暮らしと生業も根底から壊される。そうした事態の中で復興まちづくり計画は、単に住まいの再建をどう図るかだけでなく、住まいと同様に、暮らしのあり方に直結する生業の再生を組み込む必要がある。

東日本大震災の被災地では、そうした観点から、道路の復旧をはじめ、産業インフラの整備、たとえば、漁船の確保、漁港や市場、加工施設、冷凍施設など漁業関連施設の復旧、さらには、養殖漁業に欠かせない種苗育成施設などの再生、海水に漬かった田畑の土壌改良などが緊急事業として推進された。当然のことである。

東北沿岸の５００とも言われる漁村集落では、以上のようなマクロな取り組みもさることながら、よりきめ細かに、身近な生業の復旧・復興・再生を復興計画に盛り込む必要があった。

長洞では、仮設住宅団地・長洞元気村の集会所で、なでしこ会の活動が始まり、小さな実践と話し合いを積み重ねた。そして、高齢男性の浜人会《はまどかい》の活動を統合・発展させ、「なでしこ工房&番屋」が自力建設されるに至った。まさに資金やマンパワーの不足を自ら克服して、小さな経済とその循環を復興の軸に置くことにしたわけである。長洞に限らず、被災住民が自ら立ち上がり、生業を復旧・復興させようとする取り組みを地元の行政は、もっと応援すべきである。

エール3　復興まちづくり専門家の積極的活用を！

1　復興への具体的な道筋を住民と共に描こう

復興まちづくり専門家の活用が叫ばれたのは阪神・淡路大震災以降である。しかし、東日本大震災で、被災者・住民の参加による身近な地域の復興を専門とする人々が、被災直後から自治体によって活用されたり、被災地域に張り付いたりすることは意外と少なかった。

長洞では、私たち復興まちづくり研究所のメンバーが偶然ともいえる機会を得て、被災直後から入った。私たちは、被災の実態を把握し、被災住民の声に耳を傾け、避難生活から仮設住宅、そして高台移転までの連続した復興まちづくりをシームレス

（縫い目なく）に被災者との協働でつくりあげてきた。つまり、私たちは（ボランタリーではあるが）、住民のいろいろな声やアイデアを整理し、実現可能な計画にまとめる専門家としての役割を果たしてきたといえよう。

住民の声は、地元なりの詳しい中身を伴っており、何より切実である。しかし、時には矛盾したり、実現性からみてどうかというものもある。それらをただそのまま並べても具体的な計画はできない。とことん議論をした後に具体的な計画は生まれてくる。そうした情報の整理が私たち専門家の大きな役割の一つだ。また、そうした中で県や市の行政との折衝をサポートするのも専門家としての重要な役割である。

私たちは、長洞で、仮設住宅を集落内に設け、復興の拠点にすること、仮設住宅の環境を改善すること、高台移転地を決めること、「なでしこ工房&番屋」を自力建設すること、最後の高台移転住宅を自力建設すること等々の復興まちづくりの実践において重要な役割を果たすことができた。[*1] 幸いなことだと思う。集落の人々に改めて深く感謝する次第である。

長洞元気村の復興懇談会などの主要な話し合いの場に、私たちは欠かさず参加した。そして住民の声に耳を傾け、議論を重ねて課題や解決策を絵・図・模型でわかりやすく示したりした。長洞という小さな共同体は、コーディネーター役の私たちを活用し、復興への道筋をつけてきた。また、私たちは、集落の人々と折にふれ、酒を酌み交わし、夜の更けるまで話し合った。そうしたとき、元気村村長の戸羽貢さんの「（私たちの）アドバイスは受けるが、決めるのは我々だ」との言葉は、私たちまちづくり専門家への信頼の言葉であると同時に、集落の住民と私たちとの間にあるべき距離感の本

＊1：図0－1　長洞元気村への支援の全体像（4頁）参照。

質的な表現と解釈してよいのかもしれない。

2 「災害派遣復興まちづくりチーム」が必要だ

長洞の経験は、いわば「災害派遣・復興まちづくりチーム」の必要性を導いているように思う。これは、ＤＭＡＴ（災害派遣医療チーム）のまちづくり版をイメージするとわかりやすい。発災から避難所、そして仮設住宅、住まいの再建まで、都市計画・建築・住宅・福祉・保健・医療などの専門家がチームをつくって被災地の復興まちづくりを支える仕組みだ。もちろんＮＰＯと民間企業との連携も良しとするべきだ。

この災害派遣・復興まちづくりチームの活動を担保するには活動メンバーへのいわゆる「あご・あし・まくら」（＝食費・交通費・宿泊費を賄うことの比喩）が適切に確保される必要がある。それには国・県レベルでの制度化が不可欠であるとともに、市町村レベルにおいては、柔軟かつ積極的な受け入れを進めることが必要と思う。

新しい動きへの期待

陸前高田市では、沿岸部のほとんどが津波で地域が根こそぎにされるという甚大な被害を被った。他の沿岸自治体と同様、市内の多くの地域で、従来からあったコミュニティが消滅する危機が生じた。存亡の危機の自覚は、小さな共同体ほど切実だった。

そうしたコミュニティ存亡の危機感を住民が身近に感じた今日ほど、東北沿岸部の自治体にとって、地方自治のあり方や専門性が問われたときはない。つまり、そうした被災地域の復興には、①地域の住民、②自治体行政、③さらに外部からの専門家や数多くのボランティアなど、多様な力が必要である。それらの力をできる限り効果的に組み合わせてこそ、望ましい復興が可能なのではないか。そのことに行政に携わる者は無自覚ではいられないはずである。

コミュニティごとに多少なりとも異なる課題にきめ細かに向き合い、住民と的確に連携しながら課題の克服に取り組むこと、これは言うほど容易ではないかもしれない。巨大津波のダメージは深刻であり、そうでなくても普段とは比べものにならないほどの仕事が押し寄せているのだから。

しかしながら、そうした被災地域へのきめ細かな対応そのものが、地方自治体の地方自治体たるゆえんであるというほかない。

どの自治体についても言えることであるが、阪神・淡路大震災以降、続発する大規模災害を通じ、積み重ねられてきた経験、知恵をどこまで吸収してきたのかが問われている。陸前高田市においても、東日本大震災をどう受け止め、どう復興に向けて取り組んだのかをできるかぎり社会化し、今後の災害復興に生かすことが求められている。

「普段できていないこと、やっていないことは、緊急時にはできない」といわれる。私たちはこれまで多くの被災地で、復旧・復興に携わり、実地に見聞きしてきたが、確かにそう思う。三陸のリアス地域をはじめ、東日本沿岸は、津波の常襲地域である。

そうしたこと一つをとっても、日頃から緊急時を意識した行政運営が欠かせないのではないか。

ということではあるが、辛口の話はここで打ち切る。

陸前高田市では、この間、若手と呼ばれる人々が議員に選出されたりしたこともあり、市議会の雰囲気も変わってきていると聞く。被災から復興まで、市議会議員諸氏は、私たち復興まちづくり研究所のメンバーにとって、なんとなく影が薄い印象がある。実は、私たちの知らないところで、しっかりと復興のあり方を考え、市当局へ提案したり、自らも献身的に実践しているのかもしれない。また、職員レベルでいえば、他から支援に訪れた多くの自治体職員との日常的な交流からも、多くを学ぶことができたのではないか。もとより、市の職員のなかにも、私たち復興まちづくり研究所の活動などを見て、いくぶん共感している向きがあるかもしれない。心から頑張ってほしいと思う。

私たちは、復興の担い手として、地域の住民、自治体行政、外部からの専門家や数多くのボランティアなどが必要で、それらの力が適切に組み合わされることが必要だと述べた。しかし、急激に変化する社会のなかで、これらの担い手も、またそれを取り巻く環境も日々大きく変わっている。行政だけ、あるいは、地域住民だけに多くを期待するばかりでは復興まちづくりは進まない。そもそも、復興についての膨大な行政需要を抱えるなかで、住民対応一つをとっても、従来の行政スタイルは、すでに破たんしつつあるといってよいのではなかろうか。

私たちがそうであるように、、多くのＮＰＯや社団法人、任意の専門家グループなどが生まれ、独自の活動を発展させようとしている。また、民間企業のなかにも、これまで見られなかったような復興支援を展開している事例が出てきた。そうした新たな動きが、たとえば、行政の届かない分野をカバーする、また、行政は、それを温かく見守り、時に調整の場を設ける、といった柔らかな取り組みをさらに進めるべき時期かもしれない。

そうした意味で、本章は、私たちから、陸前高田市の皆さん、さらに、今日頻発している大きな災害と格闘し、その復興に真摯に向き合っている多くの人々へ送るエールである。

おわりに――復興まちづくり研究所の2つのミッション

復興まちづくり研究所は、長洞での復興支援が軌道に乗り出した2011年12月末、仮設市街地研究会から法人格を持つNPO復興まちづくり研究所に衣替えする設立イベントを実施した。このイベントで、NPO復興まちづくり研究所は、東北復興支援と東京圏での防災・減災まちづくりの2つのミッションに取り組むことを表明し、その後の活動でこれらのミッションの具体化を追求してきた。

第一のミッションの東北復興支援では、仮設市街地・集落づくりに関する6つの提言の発信、遠野市での仮設住宅づくり支援、さらには、陸前高田市長洞集落で仮設住宅づくりをはじめとする「まるごと」復興まちづくりの支援をおこなってきた。

第二のミッションの東京圏での防災・減災まちづくりでは、復興まちづくりセミナーの開催、いくつかの都内の区での復興まちづくり訓練や「防災塾」の支援、伊豆大島の土砂災害での復興まちづくり支援などをおこなってきた。

特に第一のミッションでは、長洞集落の復興という東北地域の集落復興まちづくりのモデルとなり、トップランナーともなる事例を生み出したものの、東北全体で400から500に上るとされる被災コミュニティのうちの1つに取り組めたにすぎない。

津波による被災コミュニティは、東北の沿岸部全体に広がっている。私たちは、それらに手を差し伸べ、きめ細かに支援するためには、数多くの支援チームを編成し、その活動を制度面・資金面で応援する体制の構築が必要だ、と考えた。復興まちづくり研究所がそうしたスキームづくりを呼びかけ、かつ、そうしたチームの一員として活動しようとしたものの、力不足から実現できずに終わった。ただ、この点では、私たちの力不足ということもあるが、国、県レベルの復興支援のあり方が問われなければならないのかもしれない。被災地区への支援チームの張り付けは、阪神・淡路では阪神・淡路大震災復興基金を使ってまちづくりコンサルタント等の派遣が効果的におこなわれたし、中越においては、中越大震災復興基金をもとにした被災集落への地域復興支援員の配置などにより大きな成果を挙げた。そうした教訓は、東日本大震災では生かされなかったといってよい。

長洞集落の復興支援においても、活動資金の捻出には苦戦を強いられた。本来であれば、陸前高田市が東日本大震災復興交付金の効果促進事業などを活用し、集落復興計画づくりに関する業務を私たちに委託する方途が開かれたなら、と思われる。しかしながら、市にはそうした発想がなく、やむなく他の方法に頼らざるを得なかった。そこで、たとえば、日本財団のロードプロジェクト、住まい・まちづくり担い手支援機構の住まい・まちづくり担い手事業、三井物産環境基金、内閣府地域づくり事業（専門家派遣事業）等の助成を得ることで何とか活動をつないではきた。当然ながら並行して、数多くあるＮＰＯ活動助成に応募を続けたものの、被災地所在のＮＰＯによる応募が採用される傾向が次第に強まるなか、在京の私たちは、連戦連敗のありさまで、恒常的な資金不足に見舞われ続けた。まさに「貧乏ヒマなし」状態であった。

こうした状況から、設立時に掲げた２つのミッションは未完のままだ。

資料編

広田半島（前方に見える）の付け根部分は、
太平洋（左奥）からの津波と
広田湾（右方向）からの津波が
ぶつかり合った。
このため、長洞集落のある広田半島は
孤立状態となった。
付け根部分は瓦礫に埋まった。
（2011年3・11の直後）

〈資料1〉「NPO復興まちづくり研究所」とは

◆NPO復興まちづくり研究所の狙い

ＮＰＯ復興まちづくり研究所は、①東日本大震災被災地の復興支援、②到来が危惧される首都直下型地震、南海トラフ地震の被災が想定される地域での事前復興（災害の予防と被害低減のためのまちづくり）に幅広い人々の英知を集めて取り組むことを狙いとして設立。

◆その設立の背景

１９９５年の阪神・淡路大震災の教訓――都市や地域が大規模な被災に見舞われた場合、被災地の近くで、被災者がまとまって暮らせる、生活を支えるさまざまな施設を備えた「仮設市街地・集落」をつくるべきだ。そこで被災者同士の支え合い、仕事の再開、復旧・復興への合意形成が図られ、早期の生活再建が達成される――から１９９８年に自主的な研究グループである仮設市街地研究会を結成。

仮設市街地研究会は、１９９９年7月に東京・立川の昭和記念公園を舞台に「震災サバイバル・キャンプ・イン'99」を開催、その後も中越・中越沖地震の被災地支援、東京での住民参加による震災復興まちづくり模擬訓練の実施支援、仮設市街地の啓発のための各種シンポジウムの開催などを重ね、２００８年には『提言！　仮設市街地―大地震に備えて―』（学芸出版社）を出版。

東日本大震災においても、直後から仮設市街地・集落づくりに関する提言を発信する一方、陸前高田の長洞集落の仮設集落づくりから復興までの継続支援を実施。２０１２年5月、仮設市街地研究会を母体に、より広く多くの分野の専門家の参加・賛同を得て、ＮＰＯ復興まちづくり研究所を設立（会員総数約70名）。２０１６年６月、ＮＰＯ復興まちづくり研究所は、一定の役割を果たしたので解散を決議。以降、任意団体・復興まちづくり研究所として活動を継続中。

◆ＮＰＯ復興まちづくり研究所の役員（２０１６年６月）

理事長	濱田　甚三郎	元㈱首都圏総合計画研究所代表
副理事長	原　昭夫	自治体まちづくり研究所所長
副理事長	中林　一樹	明治大学特任教授・首都大学東京名誉教授
事務局長・理事	山谷　明	㈱ＥＴプランニング代表
理事	大熊　喜昌	大熊喜昌都市計画事務所代表
理事	鳥山　千尋	まちづくりプランナー
理事	江田　隆三	㈱地域計画連合代表
理事	大月　敏雄	東京大学建築学科教授
理事	小泉　秀樹	東京大学都市工学科教授
理事	富田　宏	㈱漁村計画代表
理事	平野　正秀	東京都都市整備局
監事	松川　淳子	㈱生活構造研究所取締役特別顧問
監事	中野　明安	弁護士・元災害復興まちづくり支援機構事務局長

写真　ＮＰＯ復興まちづくり研究所の役員の打ち合わせ。（２０１２年５月、撮影：安部竜太）

〈資料2〉　提言の概要

◆根こそぎ消失――東日本大震災

東日本大震災は、多くの沿岸市街地や漁村集落を消失させた。特に津波被害の大きかった地域では、非木造建築物はほぼ原形をとどめているものの、木造建築物はほぼ全てが流出し、その跡には、コンクリートの基礎だけが累々と広がる荒涼とした風景を生み出した。まさに「根こそぎ消失」したのである。

消失した家屋は、住宅のみならず店舗・水産加工場・診療所・公民館・倉庫など、ありとあらゆるものであった。小・中学校や保育園、役場などの公共施設にも放棄せざるを得なくなったものが少なくない。さらに福島の原発事故は、こうした被害に加えて放射能汚染という類を見ない災害を生み出している。

こうした事態に対し、阪神・淡路大震災以来、被災地の支援活動や復興に向けた提言を発信してきた「仮設市街地研究会」は、２０１１年３月23日から７月28日までに合計６つの提言を発信した。その提言のあらましは以下の通りである。

◆提言の概要

▼仮住まいはコミュニティ単位で（**提言1、提言2**）

①仮設住宅をつくる場合には抽選方式ではなく、「地区ごと」「集落ごと」にまとまって住めるようにすべき

②仮設住宅を「住」のみでなく「職の始動」「復興協議」の場として「仮設市街地・集落」に

変えるべき

▼大型客船を漁業の復興基地に（提言3）

①仮設住宅不足に対抗して、大型客船を代用して漁民・市場関係者・水産加工業者の宿舎として港の復興基地にしてはどうか

▼「地区ごと」「集落ごと」の仮設暮らしを実現する仕組み（提言4）

①地域の人々の協力を得て仮設住宅の用地確保を進め、地区や集落の人がまとまって住める仮設住宅を、どこに、いつまでにつくるということを明示したマスタープログラムをつくるべき

②すでに入居済みの仮設住宅の間での住み替えを進めて、「地区ごと」「集落ごと」の仮設暮らしを実現すべき

▼仮設暮らしから復興への橋渡し（提言5、提言6）

①仮設暮らしを、復興への力を蓄える、意義ある生活を送れる、また、好ましい環境にするため、仮設住宅にコミュニティづくりを推進する世話役を任命すべき

②バラバラに立地している仮設住宅の人々を結びつける出会いの場、働く場、買い物や食事の場、憩いの場となる仮設市街地を被災した平場につくるべき

〈資料3〉 長洞復興への道のり（年表）

長洞集落の動き				仮設市街地研究会（NPO復興まちづくり研究所）の活動	
被災から復興へ		他地域との交流活動			
■2011年					
3・11	東日本大震災発生				
	緊急避難				
3・12	生き延びるための自立・自衛活動開始（食料・燃料・医薬品の確保／家族の安否確認／集落内民家への分宿）				震災後、連日のように情報収集・支援策の協議
3・23	長洞元気学校の開設				
				3・25	提言1「仮設市街地・集落の整備を」発信（被災自治体向け）
3・28	市長への要望書提出（集落内に仮設住宅を）				
				4・06	提言2「仮設市街地・集落の整備を」発信（支援自治体向け）
				4・09	長洞集落を初めて訪問、仮設住宅建設への協力の申し出（以降、市・県・国への働きかけ）
				4・18	提言3「大型客船を復興基地に」発信
4・27	県が長洞集落への仮設住宅建設を決定				
5・14	長洞元気村ニュース第1号発行	5・26	長洞からのブログ・ツイッター開始	5・02	仮設住宅建設に関する被災住民のワークショップ実施
6・06	仮設住宅の着工			6・10	提言4「仮設市街地・集落を復興拠点に」発信
		7・9	㈱地域計画連合の職員研修で流木を集め、元気村にデッキ（小舞台）を設置		
7・12	仮設住宅の鍵引き渡し				

7・14	仮設住宅への全員入居（長洞元気村と命名）		
7・17	長洞元気村の開村式	7・28	提言5「仮設住宅に世話役を」発信 提言6「平場に本格的な仮設市街地を」発信
8・06	父ちゃん・母ちゃんのパソコン教室		
		8・以降	長洞集落復興懇談会・未来会議の運営支援、陸前高田市との協議（以降2013・8まで）
8・30	第1回長洞集落復興懇談会（長洞元気村協議会の発足）		
9・24〜27	奥尻町の復興状況視察	9・中旬	NPO法人への改組について本格的な検討開始
10・02	第2回長洞集落復興懇談会		
11・13	第3回長洞集落復興懇談会		
12・12〜14	中越地震の復興状況視察（山古志など）		
12・17	第4回長洞集落復興懇談会	12・26	NPO復興まちづくり研究所設立総会&記念シンポジウム（仮設市街地研究会からNPO復興まちづくり研究所に改組）
■2012年			
2・04	第5回長洞集落復興懇談会		
3・02	第6回長洞集落復興懇談会		
		3・19〜20	研究合宿（活動方針の検討）
4・08	第1回長洞未来会議		
5・05	仮設住宅地内にアフガニスタンのパオ完成		

5・21	第7回長洞集落復興懇談会			5・01	NPO復興まちづくり研究所設立
6・12	第1回住宅相談会				
		7・02	杉並区議会・自民党議員団視察受け入れ	7・07	NPO復興まちづくり研究所第1回総会
		7・14	世田谷被災地交流ツアーの受け入れ		
				7・27	復興まちづくりセミナー（第1講）「仮設市街地から復興まちづくりへ」
		8・20〜21	スタディーツアー「かわいい子には旅をさせよ」の受け入れ		
				9・04〜06	東北復興研究―仮設住宅・産業復興ツアー
				10・26	復興まちづくりセミナー（第2講）「復興まちづくりに向けての自治体の役割」
		11・08〜09	千代田化工建設のボランティアツアー受け入れ		
				11・12〜20	トルコ震災復興調査（JICA）
				12・21	復興まちづくりセミナー（エキストラ）「漁業と住まいの一体的復興」
		12・25	なでしこジャパンのチャリティーマッチ（国立競技場）に出店		
■2013年					
		1・13	ハーバード・ビジネススクールの被災地ツアー受け入れ		
				2・06	復興まちづくりセミナー（第3講）「復興まちづくりと災害救助法の課題」
2・24	第2回長洞未来会議	2・24	福岡県・明蓬館高校スタディーの受け入れ		
3・07	長洞元気便スタート（年4回）				
				3・22	復興まちづくりセミナー（第4講）「首都直下地震にそなえて」

		4・20	日本都市計画家協会の被災地ツアー受け入れ		
		4・26	日立ソリューションズの被災地ツアー受け入れ		
		5・25	千代田化工建設の被災地ツアー受け入れ		
		5・28	UIFA（国際女性建築家会議）会長一行をフランスから受け入れ		
				6・以降	「なでしこ工房&番屋」の建設支援（以降2015・9まで）
6・05	「なでしこ工房&番屋」の着工				
				6・08	NPO復興まちづくり研究所第2回総会
				6・08	復興まちづくりセミナー（第1講）「首都直下地震に備えて（その2）～大都市東京で復興をどう進めるか～」
		6・13	所沢市社会福祉協議会の被災地ツアー受け入れ		
		6・28	旭化成の被災地ツアー受け入れ		
		7・15	御茶の水女子大学のスタディーツアー受け入れ		
7・20	第8回長洞集落復興懇談会				
		7・31	岩手県川口中学校のスタディーツアー受け入れ		
8・10	第9回長洞集落復興懇談会				
9・初旬	防集事業の宅地造成着手			9・06	復興まちづくりセミナー（第2講）「みなし仮設と復興まちづくり」
		9・08	所沢市社会福祉協議会の被災地ツアー受け入れ		
9・16	第2回住宅相談会				
10・13	「なでしこ工房&番屋」の上棟式				

		11・02	千代田化工建設の「なでしこ工房&番屋」建設支援		
				11・05	復興まちづくりセミナー（エキストラ―特別区職員対象）「職員派遣と復興まちづくり」
		11・16	富士通システムズ・イーストの「なでしこ工房&番屋」建設支援		
				11・24～26	伊豆大島土砂災害の被災地調査
				12・06	大島被災地での仮設市街地づくりの提言
12・末	長洞新公民館完成			12・13	復興まちづくりセミナー（第3講）「800人の合意形成～福島県新地町の取り組みに学ぶ～」
■2014年					
		1・25	「いわて復興フェア」への出店		
				2・07～08	東日本大震災被災地　福島県新地町視察ツアー
				3・05	新しい大島づくりの提言（その2）
				3・07	復興まちづくりセミナー（第4講）「震災後3年。陸前高田市長洞集落の奮闘～現地報告・東日本大震災の復興まちづくり～」
				3・08	港区白金台震災復興まちづくり模擬訓練・復興講演会「大地震に備えて・地域力をどう作るか―東日本大震災の現場に学ぶ」
		3・20	札幌日大中学のスタディーツアー受け入れ		
		3・22	チャリティサンタの「なでしこ工房&番屋」建設支援		
		5・29	千代田化工建設の「なでしこ工房&番屋」建設支援		

		6・02	日立ソリューションズの新人研修受け入れ		
6・09	防集事業の宅地造成完了				
		6・21~23	富士通労組の「なでしこ工房&番屋」建設支援	6・22	NPO復興まちづくり研究所第3回総会
				6・22	復興まちづくりセミナー（第1講）「東北の復興はどこまで進んでいるか~被災から4年目・新たな地域社会の創造に向けて~」
				6・29~30	伊豆大島被災地調査（第2次）
7・01	高台での住宅着工スタート				
7・21	第3回長洞未来会議	7・21	御茶の水女子大学のスタディーツアー受け入れ		
		7・25~26	富士通システムズ・イーストの「なでしこ工房&番屋」建設支援		
		8・21	スタディーツアー「かわいい子には旅をさせよ」の受け入れ		
		8・22	玉川聖学園高校のスタディーツアー受け入れ		
				9・17	復興まちづくりセミナー（第2講）「仮設まちづくりから復興まちづくりへ~東北と東京を防災・復興でつなぎ、考える~」
9・18	浜のばあちゃん料理講習会				
9・29	第4回長洞未来会議 紙芝居づくりワークショップ	9・28	所沢市社会福祉協議会の被災地ツアー受け入れ		
		10・17~18	埼玉土建・狭山支部の「なでしこ工房&番屋」建設支援		
		10・30	金沢市味噌蔵地区の被災地ツアー受け入れ		

11・2	第5回長洞未来会議	11・06	千代田化工建設の「なでしこ工房&番屋」建設支援		
12・21	第6回長洞未来会議			11・21	復興まちづくりセミナー（第3講）「仮設住宅団地をよりヒューマンなものに」
■2015年					
				1・24	伊豆大島椿園・新町亭での「囲碁・お茶会・心の唄」イベント
1・27	浜のばあちゃん料理講習会				
				1・31	復興まちづくりセミナー（第4講）「映画とトーク　阪神・淡路から20年」
				2・14	復興まちづくり・リレーイベント2015①「津波被災・原発被災に抗して」
		2・21〜22	埼玉土建・狭山支部の「なでしこ工房&番屋」建設支援		
2・27	仮設住宅からの引っ越し（高台住宅、代替仮設住宅へ）				
3・01	仮設住宅周辺の後片付け 第7回長洞未来会議				
3・中旬	仮設住宅の撤去			3・07	復興まちづくり・リレーイベント2015②「原発からの広域避難を考える」
				3・20	復興まちづくり・リレーイベント2015③「復興まちづくりの主体をつくる」
3・22	長洞元気村の閉村式				
				3・25	復興まちづくり・リレーイベント2015④「阪神・淡路、東日本からのメッセージ」
				3・28	復興まちづくり・リレーイベント2015⑤「ここまできた復興・次なる課題は？」
				4・18	復興まちづくり・リレーイベント2015⑥「区民とともに進める事前復興」

				4・25	復興まちづくり・リレーイベント2015⑦「子供と災害復興・専門家の役割」
		5／中～8／中	埼玉土建・狭山支部の片岸さんらの助力で「なでしこ工房&番屋」の木工事完了		
				6・27	NPO復興まちづくり研究所第4回総会
				6・27	復興まちづくりセミナー（第1講）「波伝谷に生きる人々」上映&トーク
9・17	「なでしこ工房&番屋」の完成				
				9・27～29	東日本大震災被災地（岩手・宮城）視察ツアー
11・11	トレーラーハウスの払い下げ申請				
■2016年					
				1・11	「大島・元町大火から51年・その復興に学び、土砂災害からの復興を考える。～講演会・展示会・復興ティーチ・イン～」
				6・24	NPO復興まちづくり研究所第5回総会（解散の議決）
				7・以降	トレーラーハウス活用住宅の建設支援（以降2017・4まで）
7・23	トレーラーハウスの移設				
■2017年					
4・中旬	トレーラーハウス活用住宅の完成・入居				

江田　隆三（えだ　りゅうぞう）

復興まちづくり研究所理事／㈱地域計画連合代表取締役／認定都市プランナー

都区部の密集市街地整備に長く取り組み、中越地震では、長岡市山古志地区の集落再生に5年間従事した。東日本大震災被災地では、コンサルタントとして福島県新地町の復興計画を担当し、復興まちづくりのトップリーダー事例として評価された防災集団移転の事業化を支援した。

担当：第５章

平野　正秀（ひらの　まさひで）

復興まちづくり研究所理事／東京都都市整備局勤務（非常勤）

東京都職員として、長く住宅部門で働く。自称・住宅屋。公営住宅建替え、ストック更新計画、シルバーピア、高齢者住宅計画に携わる。阪神以降の震災で応急仮設住宅づくりに参加、仮設住宅４原則の重要性を認識する。中越地震では、長岡操車場跡地サポートセンターを設計。東日本大震災では、宮城県、福島県の仮設住宅建設に用地選定の段階から関わる。また、長洞のほか、岩泉町、伊豆大島の復興支援に関わる。

担当：第６章

戸羽　貢（とば　みつぐ）

一般社団法人長洞元気村代表／戸羽鈑金工業代表

長洞集落の地域リーダー（区長・自治会長）として東日本大震災からの復旧・復興に尽力。被災後に北海道・奥尻島、中越・山古志の復興状況を視察し、地域コミュニティ維持を柱にした集落の復興計画を作成、実践活動の中心となる。鈑金業の傍ら磯漁師としても活躍する。

担当：第２章１

村上　誠二（むらかみ　せいじ）

一般社団法人長洞元気村事務局長／元陸前高田市立第一中学校事務職員

長洞集落の地域リーダー（自治会副会長）として東日本大震災からの復旧・復興に尽力。復興のようすを全国各地で講演するなど、被災地からの情報発信に取り組む。戸羽貢と共に集落復興の中心となり、「コミュニティまるごと高台移転」を実現させた。

担当：第２章１

◉執筆者プロフィール

濱田 甚三郎（はまだ　じんざぶろう）

復興まちづくり研究所理事長／都市プランナー

阪神・淡路大震災では、神戸市に仮設住宅の代用としてコンテナハウスの活用を提案。「仮設市街地」の概念を生み出す。その後、東京都の震災復興マニュアルに「仮設市街地」の考え方を盛り込む。東京都や各区の防災計画づくり、災害復興模擬訓練などに携わる他、パキスタン・ムザファラバード復興計画を提言。中越地震・東日本大震災の被災地での復興支援活動を推進。

担当：第１章２～４、第２章２～４

原　昭夫（はら　あきお）

復興まちづくり研究所副理事長／自治体まちづくり研究所所長／地域プランナー

東京都、沖縄県名護市、世田谷区の３つの自治体で都市計画、防災計画、まちづくり、都市デザイン、建築等を担当。立川昭和記念公園での「震災サバイバルキャンプイン '99」の企画・実施。住民参加や多様な主体の意思をまとめるまちづくり・都市デザインについての著書多数。

担当：第１章１

山谷　明（やまたに　あきら）

復興まちづくり研究所理事（事務局長）／㈱ ET プランニング代表

商店街整備や景観計画など、建築と都市計画の中間領域の業務に従事。阪神・淡路大震災では、コンテナで仮設住宅を製作。仮設市街地の研究・普及活動に参加。東京都内での震災復興まちづくり模擬訓練ワークショップ運営に携わる。長洞では、「なでしこ工房＆番屋」の自力建設支援の中心となる。

2017 年 2 月 20 日没　享年 71。

担当：第４章

鳥山 千尋（とりやま　ちひろ）

復興まちづくり研究所理事／まちづくりプランナー

建築設計事務所などを経て 74 年から杉並区役所に勤務。主にまちづくり、建築行政などを担当。阪神・淡路大震災、中越地震では、被災地調査や職員による被災自治体支援のコーディネートに携わる。参加のまちづくりをライフワークとする。杉並区建築審査会委員（会長）、狭山市都市計画審議会委員（会長）。

担当：第３章、第４章

大熊 喜昌（おおくま　よしまさ）

復興まちづくり研究所理事／大熊喜昌都市計画事務所代表（～ 2016 年）／都市プランナー

長く江東デルタの防災再開発、密集市街地の防災まちづくりに従事。中越地震では、小国町法末集落の再生・維持活動に携わる。大規模災害の復興まちづくりに関心を持つ。現在、足立区まちづくりトラスト運営委員長、代官山ステキなまちづくり協議会理事。

担当：第５章

組　版　GALLAP
装　幀　株式会社クリエイティブ・コンセプト
校　正　光成　三生

陸前高田・長洞《ながほら》元気村 復興の闘いと支援　2011 ～ 2017
実践！ 復興まちづくり

2017 年 10 月 25 日　第 1 刷発行

編　者　復興まちづくり研究所（濱田甚三郎　原昭夫　山谷明　鳥山千尋
大熊喜昌　江田隆三　平野正秀　戸羽貢　村上誠二）
発行者　山中　洋二
発　行　合同フォレスト株式会社
郵便番号 101-0051
東京都千代田区神田神保町 1-44
電話 03（3291）5200　FAX 03（3294）3509
振替 00170-4-324578
ホームページ http://www.godo-shuppan.co.jp/forest
発　売　合同出版株式会社
郵便番号 101-0051
東京都千代田区神田神保町 1-44
電話 03（3294）3506　FAX 03（3294）3509
印刷・製本　株式会社 シナノ

■落丁・乱丁の際はお取り換えいたします。

ISBN 978-4-7726-6096-9　NDC 360　210×148